建筑工程安装职业技能培训教材

工程电气安装调试工

建筑工程安装职业技能培训教材编委会　组织编写
邹德勇　曹立纲　主编

中国建筑工业出版社

图书在版编目（CIP）数据

工程电气安装调试工/建筑工程安装职业技能培训教材编委会组织编写，邹德勇，曹立纲主编. —北京：中国建筑工业出版社，2014.12

建筑工程安装职业技能培训教材

ISBN 978-7-112-17289-4

Ⅰ.①工… Ⅱ.①建…②邹…③曹… Ⅲ. ①电气设备-建筑安装 Ⅳ.①TU85

中国版本图书馆CIP数据核字（2014）第221500号

本书是根据国家有关建筑工程安装职业技能标准，结合全国建设行业全面实行建设职业技能岗位培训的要求编写的。以工程电气安装调试工职业资格三级的要求为基础，兼顾一、二级和四、五级的要求。全书主要分为两大部分，第一部分为理论知识，第二部分为操作技能。第一部分理论知识分为三章，分别是：基础知识（电工基本概念，电工仪表知识，电气材料知识，电气识图知识）；专业知识（继电保护，变压器，电动机，高低压控制电器，数控技术和工业电视）；相关知识（电气施工管理，电气安装工程与其他专业施工配合，电气"四新"技术）。第二部分操作技能分为三章，分别是：专业技能（施工图纸审核，施工项目工料预算，变压器、电动机试验，复杂电气控制设备的安装调试，建筑弱电系统，电梯调试，大型电气系统、自动化仪表调试及联合试运转，电力线路、高压电缆，柴油发电机，双路电源不间断电源）；工具设备的使用和维护（仪器仪表，交、直流电耐压试验设备的操作维护）；操作安全及工程质量（操作安全措施，工程质量鉴定）。

本书注重突出职业技能教材的实用性，对基础知识、专业知识和相关知识需要掌握、熟悉、了解的部分都有适当的编写，尽量做到图文结合，简明扼要，通俗易懂，避免教科书式的理论阐述、公式推导和演算。是当前建筑工程安装职业技能鉴定和考核的培训教材，适合建筑工人自学使用，也可供大中专学生参考使用。

责任编辑：刘 江 范业庶 岳建光

责任设计：张 虹

责任校对：李欣慰 陈晶晶

建筑工程安装职业技能培训教材

工程电气安装调试工

建筑工程安装职业技能培训教材编委会 组织编写

邹德勇 曹立纲 主编

*

中国建筑工业出版社出版、发行（北京西郊百万庄）

各地新华书店、建筑书店经销

霸州市顺浩图文科技发展有限公司制版

北京建筑工业印刷厂印刷

*

开本：787×1092毫米 1/16 印张：11½ 字数：277千字

2015年2月第一版 2015年2月第一次印刷

定价：**32.00**元

ISBN 978-7-112-17289-4

（26071）

建筑工程安装职业技能培训教材
编　委　会

前　言

本书是建筑安装操作人员培训用书，按照最新国家有关建筑安装工程安装职业技能标准编写，以工程电气安装调试工职业资格三级的职业要求为基础，兼顾四、五级和一、二级要求，结合建筑业实际情况，按照标准分为两大部分编写，第一部分为理论知识，第二部分为操作技能。主要内容包括：电工基础知识、电工专业知识、电工相关知识、电工操作技能、电工工具设备的使用和维护、操作安全及工程质量等。

本书不仅涵盖了先进、成熟、实用的电气设备安装工程施工技术，还包括了现代新材料、新技术、新工艺和环境、职业健康安全、节能环保等方面的知识，力求做到技术内容先进、实用，文字通俗易懂，语言生动，并辅以大量直观的图表，能满足不同文化层次的技术工人和读者的需要。帮助广大工程电气安装调试人员更好地理解和掌握安装技术理论和实际操作技能，全面提高建筑施工作业人员的知识水平和实际操作能力。本教材可作为工程电气安装调试工的培训教材，也适用于上岗培训，以及读者自学参考。

本书由邹德勇、曹立纲主编，在编写过程中参考了许多专家、学者的部分资料，在此一并表示感谢。由于本书所涉及的知识面较宽，在编写过程中有很多新技术、新工艺、新材料等新的理念未纳入本书，加之编者水平有限，不足之处在所难免，恳请各位同行及广大读者批评指正。

目　　录

第一部分　理论知识

第二部分　操作技能

第一部分

理论知识

第一章　基础知识

第一节　电工基本概念

一、电路

1. 电路简介

电路是电流所流经的路径，由金属导线和电气以及电子部件组成的导电回路，称其为电路。直流电通过的电路称为“直流电路”，交流电通过的电路称为“交流电路”。

最简单的电路，是由电源、负载、导线、开关等元器件组成。如图 1-1 所示为手电筒实物电路图，图 1-2 所示为其电路示意图。

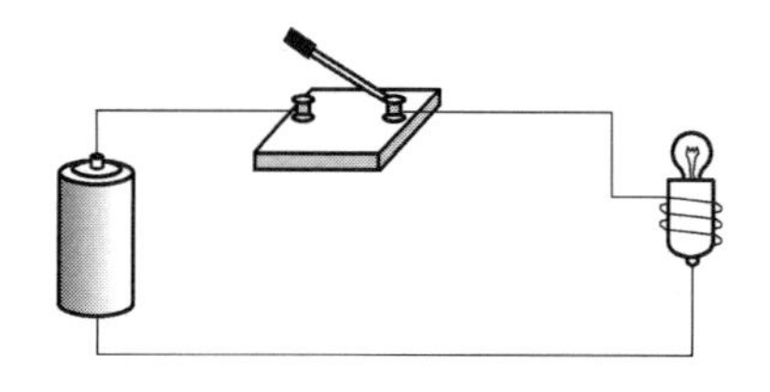

图 1-1　手电筒实物电路图

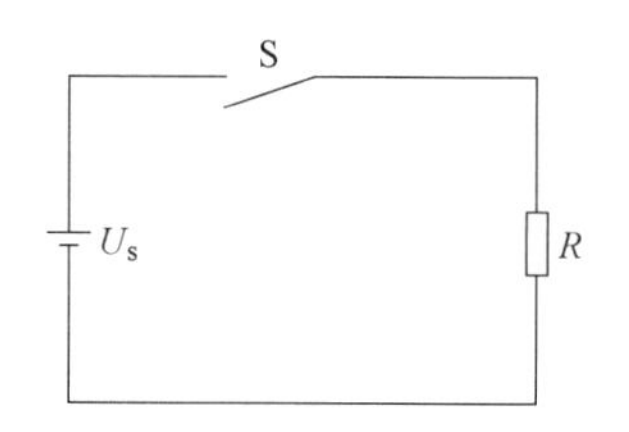

图 1-2　电路示意图

电路导通叫做通路。只有通路，电路中才有电流通过。电路某一处断开叫做断路或者开路。如果电路中电源正负极间没有负载而是直接接通叫做短路，这种情况是决不允许的。另有一种短路是指某个元件的两端直接接通，此时电流从直接接通处流经而不会经过该元件，这种情况叫做该元件短路。开路（或断路）是允许的，而第一种短路决不允许，因为电源的短路会导致电源、用电器、电流表被烧坏。

电路是由电特性相当复杂的元器件组成的，为了便于使用数学方法对电路进行分析，可将电路实体中的各种电器设备和元器件用一些能够表征它们主要电磁特性的理想元件（模型）来代替，而对它的实际上的结构、材料、形状等非电磁特性不予考虑。常用理想元件及符号见表 1-1。

常用理想元件及符号　　**表 1-1**

名称	符号	名称	符号
电阻		电压表	V
电池		接地	或

续表

名称	符号	名称	符号
电灯		熔断器	
开关		电容	
电流表	A	电感	

2. 电路种类

电源电路：产生各种电子电路的所需求电源。

电子电路：亦称电气回路。

（1）频率种类

1）基频电路，基频，低频率，使用基频元件。

2）高频电路，高频，高频率，使用高频元件。

3）基频、高频混合电路。

（2）元件种类

1）被动元件：如电阻、电容、电感、二极体等，有分基频被动元件、高频被动元件。

2）主动元件：如电晶体、微处理器等，分基频主动元件、高频主动元件。

（3）用途种类

1）微处理器电路：亦称微控制器电路，形成计算机、游戏机、（播放器影、音）、各式各样家电、滑鼠、键盘、触控等。

2）电脑电路：为微处理器电路进阶电路，形成桌上型电脑、笔记型电脑、掌上型电脑、工业电脑等。

3）通信电路：形成电话、手机、有线网路、有线传送、无线网路、无线传送、光通信、红外线、光纤、微波通信，卫星通信等。

4）显示器电路：形成银幕、电视、仪表等各类显示器。

5）光电电路：如太阳能电路。

6）电机电路：常运用于大电源设备，如电力设备、运输设备、医疗设备、工业设备等。

（4）联结种类

1）串联电路：使同一电流通过所有相连接器件的联结方式，如图 1-3 所示。

2）并联电路：使同一电压施加于所有相连接器件的联结方式，如图 1-4 所示。

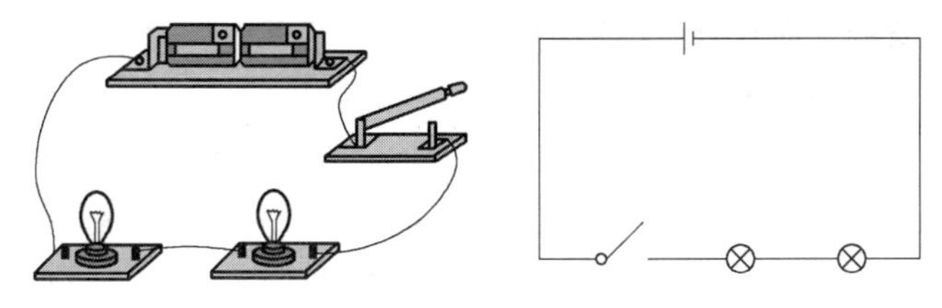

图 1-3　串联电路

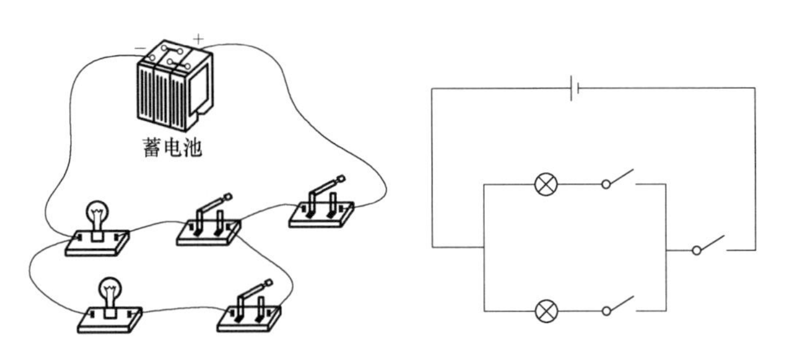

图 1-4　并联电路

3. 国际单位制电学单位

国际单位制电学单位见表 1-2。

国际单位制电学单位　　表 1-2

基本单位			
单位	符号	物理量	注
安培	A	电流	
导出单位			
伏特	V	电势,电势差,电压	=W/A
欧姆	Ω	电阻,阻抗,电抗	=V/A
法拉	F	电容	
亨利	H	电感	
西门子	S	电导,导纳,磁化率	=Ω
库仑	C	电荷,带电量	=A・s
欧姆・米	Ω・m	电阻率	ρ
西门子/每米	S/m	电导率	
法拉/每米	F/m	电容率;介电常数	ε
反法拉	F	电弹性	=F
用在电学中的力学导出单位			
瓦特	W	电功率,电能	=J/s
千瓦・时	kW・h	电功,电能	=3.6MJ

二、电流

1. 电流简介

电流，是指电荷的定向移动。电源的电动势形成了电压，继而产生了电场力，在电场力的作用下，处于电场内的电荷发生定向移动，形成了电流。

电流的大小称为电流强度（简称电流，符号为 I），是指单位时间内通过导线某一截面的电荷量，每秒通过 1 库仑的电量称为 1 安培（A）。安培是国际单位制中所有电性的基本单位。除了安培（A）外，常用的单位有毫安（mA）、微安（μA）。1A＝1000mA＝1000000μA。

电流定义公式：$I=Q/t$

1 安培=1 库仑/1 秒

2. 电流规律

（1）串联电路

电流：$I_{总}=I_1=I_2$（串联电路中，电路各部分的电流相等）

电压：$U_{总}=U_1+U_2$（总电压等于各部分电压和）

电阻：$R_{总}=R_1+R_2$

（2）并联电路

电流：$I_{总}=I_1+I_2$（并联电路中，干路电流等于各支路电流之和）

电压：$U_{总}=U_1=U_2$（各支路两端电压相等并等于电源电压）

电阻：$1/R_{总}=1/R_1+1/R_2$

3. 电流分类

电流分为交流电流和直流电流。

（1）交流电：插入电源的用电器使用的是交流电。

（2）直流电：使用外置电源的用电器用的是直流电。

交流电一般是在家庭电路中有着广泛的使用，有 220V 的电压，属于危险电压。

直流电则一般被广泛使用于手机（锂电池）之中。像电池（1.5V）、锂电池、蓄电池等被称之为直流电。

4. 电流形成的原因和条件

因为有电压（电势差）的存在，所以产生了电力场强，使电路中的自由电荷受到电场力的作用而产生定向移动，从而形成了电路中的电流。

必须具有能够自由移动的电荷（金属中只有负电荷移动，电解液中为正负离子同时移动）。导体两端存在电压差（要使闭合回路中得到持续电流，必须要有电源）。电路必须为通路。

5. 电流三大效应

（1）热效应

导体通电时会发热，把这种现象叫做电流热效应。例如，比较熟悉的焦耳定律，是定量说明传导电流将电能转换为热能的定律。（焦耳定律）

（2）磁效应

电流的磁效应（动电会产生磁）：奥斯特发现，任何通有电流的导线，都可以在其周围产生磁场的现象，称为电流的磁效应。（毕奥-萨法尔定律）

（3）化学效应

电的化学效应主要是电流中的带电粒子（电子或离子）参与而使得物质发生了化学变化。化学中的电解水或电镀等都是电流的化学效应。（法拉第电解定律）

三、电压

1. 电压简介

电压，也称作电势差或电位差，是衡量单位电荷在静电场中由于电势不同所产生的能量差的物理量。其大小等于单位正电荷因受电场力作用从 A 点移动到 B 点所作的功，电压的方向规定为从高电位指向低电位的方向。电压的国际单位制为伏特（V），常用的单位还有毫伏（mV）、微伏（μV）、千伏（kV）等。此概念与水位高低所造成的“水压”相似。需要指出的是，“电压”一词一般只用于电路当中，“电势差”和“电位差”则普遍应用于一切电现象当中。

电荷 q 在电场中从 A 点移动到 B 点，电场力所做的功 W_{AB} 与电荷量 q 的比值，叫做 AB 两点间的电势差（AB 两点间的电势之差），用 U_{AB} 表示，则有公式：

$$U_{AB}=\frac{W_{AB}}{q}$$

式中　W_{AB}——电场力所做的功；

　　　q——电荷量。

电压在国际单位制中的主单位是伏特（V），简称伏，用符号 V 表示。1 伏特等于对每 1 库仑的电荷作了 1 焦耳的功，即 1V＝1J/C。强电压常用千伏（kV）为单位，弱电压的单位可以用毫伏（mV）、微伏（μV）。

2. 电压分类

（1）直流电压与交流电压

如果电压的大小及方向都不随时间变化，则称之为稳恒电压或恒定电压，简称为直流电压，用大写字母 U 表示。

如果电压的大小及方向随时间变化，则称为变动电压。对电路分析来说，一种最为重要的变动电压是正弦交流电压（简称交流电压），其大小及方向均随时间按正弦规律作周期性变化。交流电压的瞬时值要用小写字母 u 或 $u(t)$ 表示。

（2）高电压、低电压和安全电压

电压可分为高电压、低电压和安全电压。

高低电压的区别是：以电气设备的对地的电压值为依据的。对地电压高于 250V 的为高电压。对地电压小于 250V 的为低电压。

其中安全电压指人体较长时间接触而不致发生触电危险的电压。按照国家标准规定安全电压是为防止触电事故而采用的，由特定电源供电的电压系列。我国对工频安全电压规定了以下五个等级，即 42V、36V、24V、12V 以及 6V。

3. 电压规律

电压是推动电荷定向移动形成电流的原因。电流之所以能够在导线中流动，也是因为在电流中有着高电势和低电势之间的差别。换句话说。在电路中，任意两点之间的电位差称为这两点的电压。

串联电路电压规律：串联电路两端总电压等于各部分电路两端电压和。

公式：$\sum U=U_1+U_2$

并联电路电压规律：并联电路各支路两端电压相等，且等于电源电压。

公式：$\sum U=U_1=U_2$

四、电阻

1. 电阻简介

电阻是所有电路中使用最多的元件之一。

在物理学中，用电阻来表示导体对电流阻碍作用的大小。导体的电阻越大，表示导体对电流的阻碍作用越大。不同的导体，电阻一般不同，电阻是导体本身的一种特性。电阻元件是对电流呈现阻碍作用的耗能元件。

因为物质对电流产生的阻碍作用，所以称其为该作用下的电阻物质。电阻将会导致电子流通量的变化，电阻越小，电子流通量越大，反之，亦然。没有电阻或电阻很小的物质称其为电导体，简称导体。不能形成电流传输的物质称为电绝缘体，简称绝缘体。

导体的电阻通常用字母 R 表示，电阻的单位是欧姆，简称欧，符号是 Ω，1Ω＝1V/A。比较大的单位有千欧（kΩ）、兆欧（MΩ）。

2. 电阻计算公式

串联：$R=R_1+R_2+\cdots+R_n$

并联：$1/R=1/R_1+1/R_2+\cdots+1/R_n$ 两个电阻并联式也可表示为 $R=R_1\cdot R_2/(R_1+R_2)$

定义式：$R=U/I$

决定式：$R=\rho L/S$

式中 ρ——电阻的电阻率，是由其本身性质决定；

L——电阻的长度；

S——电阻的横截面积。

电阻元件的电阻值大小一般与温度、材质、长度，还有横截面面积有关，衡量电阻受温度影响大小的物理量是温度系数，其定义为温度每升高 1℃时电阻值发生变化的百分数。多数（金属）的电阻随温度的升高而升高，一些半导体却相反。

电阻的主要物理特征是变电能为热能，也可说它是一个耗能元件，电流经过它就产生内能。电阻在电路中通常起分压、分流的作用。对信号来说，交流与直流信号都可以通过电阻。

3. 电阻分类

（1）按阻值特性分。分为固定电阻、可调电阻、特种电阻（敏感电阻）。

（2）按制造材料分。分为碳膜电阻、金属膜电阻、线绕电阻，无感电阻，薄膜电阻等。

（3）按安装方式分。分为插件电阻、贴片电阻。

（4）按功能分。分为负载电阻，采样电阻，分流电阻，保护电阻等。

五、电容

1. 电容简介

电容亦称作“电容量”，是指在给定电位差下的电荷储藏量，记为 C，国际单位是法拉（F）。一般来说，电荷在电场中会受力而移动，当导体之间有了介质，则阻碍了电荷移动而使得电荷累积在导体上，造成电荷的累积储存，储存的电荷量则称为电容。因电容是电子设备中大量使用的电子元件之一，所以广泛应用于隔直、耦合、旁路、滤波、调谐回路，能量转换、控制电路等方面。

2. 相关公式

一个电容器，如果带 1 库的电量时两级间的电势差是 1 伏，这个电容器的电容就是 1

法，即：$C=Q/U$。但电容的大小不是由 Q（带电量）或 U（电压）决定的，即：$C=\varepsilon S/4\pi kd$。其中，ε 是一个常数；S 为电容极板的正对面积；d 为电容极板的距离；k 则是静电力常量。常见的平行板电容器，电容为 $C=\varepsilon S/d$（ε 为极板间介质的介电常数，S 为极板面积，d 为极板间的距离）。

定义式：$C=Q/U$

电容器的电势能计算公式：$E=CU^2/2=QU/2=Q^2/2C$

多电容器并联计算公式：$C=C_1+C_2+C_3+\cdots+C_n$

多电容器串联计算公式：$1/C=1/C_1+1/C_2+\cdots+1/C_n$

三电容器串联：$C=(C_1C_2C_3)/(C_1C_2+C_2C_3+C_1C_3)$

3. 主要分类

（1）按照结构，分为三大类：固定电容器、可变电容器和微调电容器。

（2）按电解质分类有：有机介质电容器、无机介质电容器、电解电容器和空气介质电容器等。

（3）按用途分有：高频旁路、低频旁路、滤波、调谐、高频耦合、低频耦合、小型电容器。

（4）按照功能分有：聚酯（涤纶）电容、聚苯乙烯电容、聚丙烯电容、云母电容、高频瓷介电容、低频瓷介电容、玻璃釉电容、铝电解电容、钽电解电容、空气介质可变电容器、薄膜介质可变电容器、薄膜介质微调电容器、陶瓷介质微调电容器、独石电容等。

六、电感

1. 电感简介

电感是闭合回路的一种属性。当线圈通过电流后，在线圈中形成磁场感应，感应磁场又会产生感应电流来抵制通过线圈中的电流。这种电流与线圈的相互作用关系称为电的感抗，也就是电感，单位是“亨利（H）”。

（1）自感。

当线圈中有电流通过时，线圈的周围就会产生磁场。当线圈中电流发生变化时，其周围的磁场也产生相应的变化，此变化的磁场可使线圈自身产生感应电动势（感生电动势）（电动势用以表示有源元件理想电源的端电压），这就是自感。

（2）互感。

两个电感线圈相互靠近时，一个电感线圈的磁场变化将影响另一个电感线圈，这种影响就是互感。互感的大小取决于电感线圈的自感与两个电感线圈耦合的程度，利用此原理制成的元件叫做互感器。

2. 主要分类

（1）按结构分类。

电感器按其结构的不同可分为线绕式电感器和非线绕式电感器（多层片状、印刷电感等），还可分为固定式电感器和可调式电感器。

按贴装方式分：有贴片式电感器，插件式电感器。

（2）按工作频率分类。

电感按工作频率可分为高频电感器、中频电感器和低频电感器。空心电感器、磁心电感器和铜心电感器一般为中频或高频电感器，而铁心电感器多数为低频电感器。

（3）按用途分类。

电感器按用途可分为振荡电感器、校正电感器、显像管偏转电感器、阻流电感器、滤波电感器、隔离电感器、被偿电感器等。

七、电功和电功率

1. 基本简介

（1）电功。电流在一段时间内通过某一电路，电场力所作的功，称为电功。计算公式是 $W=Pt$，W 表示电功，单位是焦耳（J）。

（2）电功率。电流在单位时间内做的功叫做电功率。是用来表示消耗电能的快慢的物理量，用 P 表示，它的单位是瓦特（Watt），简称瓦，符号是 W。计算公式是 $P=W/t$。

每个用电器都有一个正常工作的电压值叫做额定电压。用电器在额定电压下正常工作的功率叫做额定功率，用电器在实际电压下工作的功率叫做实际功率。

1 瓦特（1W）=1 焦/秒（1J/s）=伏·安（V·A）

2. 串联电路与并联电路中的电功率

（1）串联电路

电流处处相等 $I_1=I_2=I$

总电压等于各用电器两端电压之和 $U=U_1+U_2$

总电阻等于各电阻之和 $R=R_1+R_2$

$U_1:U_2=R_1:R_2$

总电功等于各电功之和 $W=W_1+W_2$

$W_1:W_2=R_1:R_2=U_1:U_2$

总功率等于各功率之和 $P=P_1+P_2$

$P_1:P_2=R_1:R_2=U_1:U_2$

电压相同时电流与电阻成反比；电流相同时电阻与电压成正比。

（2）并联电路

总电流等于各处电流之和 $I=I_1+I_2$

各处电压相等 $U_1=U_2=U$

并联电路中，等效电阻的倒数等于各并联电阻的倒数之和 $1/R=1/R_1+1/R_2$

总电阻等于各电阻之积除以各电阻之和 $R=R_1\times R_2\div(R_1+R_2)$

总电功等于各电功之和 $W=W_1+W_2$

当电压不变时，电流与电阻成反比。

当电流不变时，电阻与电压成正比。

$I_1:I_2=R_2:R_1$

$W_1:W_2=I_1:I_2=R_2:R_1$

总功率等于各功率之和 $P=P_1+P_2$

$P_1:P_2=R_2:R_1=I_2:I_1$

八、电路基本定律

1. 欧姆定律

在同一电路中，导体中的电流跟导体两端的电压成正比，跟导体的电阻阻值成反比，这就是欧姆定律，基本公式是 $I=U/R$（电流=电压/电阻）。

诺顿定理：任何由电压源与电阻构成的两端网络，总可以等效为一个理想电流源与一个电阻的并联网络。

戴维宁定理：任何由电压源与电阻构成的两端网络，总可以等效为一个理想电压源与一个电阻的串联网络。

分析包含非线性器件的电路，则需要一些更复杂的定律。实际电路设计中，电路分析更多地通过计算机分析模拟来完成。

2. 基尔霍夫定律

基尔霍夫定律是电路中电压和电流所遵循的基本规律，是分析和计算较为复杂电路的基础。它既可以用于直流电路的分析，也可以用于交流电路的分析，还可以用于含有电子元件的非线性电路的分析。运用基尔霍夫定律进行电路分析时，仅与电路的连接方式有关，而与构成该电路的元器件具有什么样的性质无关。基尔霍夫定律包括电流定律和电压定律。

基尔霍夫电流定律，简记为 KCL，是电流的连续性在集总参数电路上的体现，其物理背景是电荷守恒公理。基尔霍夫电流定律是确定电路中任意节点处各支路电流之间关系的定律，因此又称为节点电流定律。它的内容为：在任一瞬时，流向某一节点的电流之和恒等于由该节点流出的电流之和，即：$\sum i(t)_{入}=\sum i(t)_{出}$，它的另一种表示为：$\sum i(t)=0$。

基尔霍夫电压定律，简记为 KVL，是电场为位场时电位的单值性在集总参数电路上的体现，其物理背景是能量守恒公理。基尔霍夫电压定律是确定电路中任意回路内各电压之间关系的定律，因此又称为回路电压定律。它的内容为：在任一瞬间，沿电路中的任一回路绕行一周，在该回路上电动势之和恒等于各电阻上的电压降之和，即：$\sum E=\sum IR$。

3. 焦耳-楞次定律

焦耳-楞次定律又称"焦耳定律"。是定量确定电流热效应的定律。电流通过导体时产生的热量 Q，跟电流强度 I 的平方、电阻 R 以及通电时间 t 成正比，即 $Q=RI^2t$。式中 I、R、t 的单位分别为安培、欧姆、秒，则热量 Q 的单位为焦耳。在任何电路中电阻上产生的热量称为焦耳热。

第二节　电工仪表知识

电工仪表是实现电磁测量过程中所需技术工具的总称。

电工仪表按测量对象不同，分为电流表（安培表）、电压表（伏特表）、功率表（瓦特表）、电度表（千瓦时表）、欧姆表等；按仪表工作原理的不同分为磁电系、电磁系、电动系、感应系等；按被测电量种类的不同分为交流表、直流表、交直流两用表等；按使用性质和装置方法的不同分为固定式（开关板式）、携带式和智能式；按误差等级不同分为

0.1 级、0.2 级、0.5 级、1.0 级、1.5 级、2.5 级和 5.0 级七个等级。数字越小，仪表的偏差越小，准确度等级较高。

一、电流表

电流表又称“安培表”，是测量电路中电流大小的工具，主要采用磁电系电表的测量机构。电流表分为直流电流表和交流电流表。实验用电流表如图 1-5 所示、钳形电流表如图 1-6 所示。

图 1-5　实验用电流表

图 1-6　钳形电流表

1. 钳形电流表

钳形电流表，简称钳表。是集电流互感器与电流表于一身的仪表，其工作原理与电流互感器测电流是一样的。钳形表是由电流互感器和电流表组合而成。电流互感器的铁芯在捏紧扳手时可以张开，被测电流所通过的导线可以不必切断就可穿过铁芯张开的缺口，当放开扳手后铁芯闭合。穿过铁芯的被测电路导线就成为电流互感器的一次线圈，其中通过电流便在二次线圈中感应出电流。从而使二次线圈相连接的电流表便有指示——测出被测线路的电流。

钳形电流表分高、低压两种，用于在不拆断线路的情况下直接测量线路中的电流。其使用方法如下：

（1）使用高压钳形表时应注意钳形电流表的电压等级，严禁用低压钳形表测量高电压回路的电流。用高压钳形表测量时，应由两人操作，非值班人员测量还应填写第二种工作票，测量时应戴绝缘手套，站在绝缘垫上，不得触及其他设备，以防止短路或接地。

（2）当电缆有一相接地时，严禁测量。防止出现因电缆头的绝缘水平低发生对地击穿爆炸而危及人身安全。

（3）钳形电流表测量结束后把开关拨至最大量程档，以免下次使用时不慎过流；并应保存在干燥的室内。

（4）观测表计时，要特别注意保持头部与带电部分的安全距离，人体任何部分与带电体的距离不得小于钳形表的整个长度。

（5）在高压回路上测量时，禁止用导线从钳形电流表另接表计测量。测量高压电缆各相电流时，电缆头线间距离应在 300mm 以上，且绝缘良好，待认为测量方便时，方能进行。

(6) 测量低压可熔保险器或水平排列低压母线电流时，应在测量前将各相可熔保险或母线用绝缘材料加以保护隔离，以免引起相间短路。

2. 电流表使用注意事项

(1) 正确接线。测量电流时，电流表应与被测电路串联；测量电压时，电压表应与被测电路并联。测量直流电流和电压时，必须注意仪表的极性，应使仪表的极性与被测量的极性一致。

(2) 高电压、大电流的测量。测量高电压或大电流时，必须采用电压互感器或电流互感器。电压表和电流表的量程应与互感器二次的额定值相符。一般电压为100V，电流为5A。

(3) 量程的扩大。当电路中的被测量程超过仪表的量程时，可采用外附分流器或分压器，但应注意其准确度等级应与仪表的准确度等级相符。

(4) 电流表直接和电源的正负极连接。会造成电流表或电源烧坏，并会引起导线燃烧，甚至造成火灾。

(5) 另外，还应注意仪表的使用环境要符合要求，要远离外磁场。

二、电压表

电压表是测量电压的一种仪器，常用电压表（伏特表）符号：V。在灵敏电流计里面有一个永磁体，在电流计的两个接线柱之间串联一个由导线构成的线圈，线圈放置在永磁体的磁场中，并通过传动装置与表的指针相连。大部分电压表都分为两个量程。(0～3V)、(0～15V)，电压表有三个接线柱，一个负接线柱，两个正接线柱，电压表的正极与电路的正极连接，负极与电路的负极连接。实验用电压表如图1-7所示、测量方法如图1-8所示。电压表是个相当大的电阻器，理想的认为是断路。

1. 电压表分类

分为直流电压表和交流电压表。

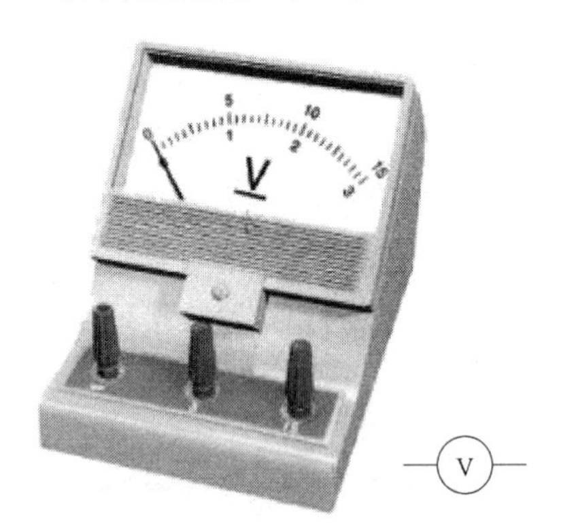

图1-7 实验用电压表

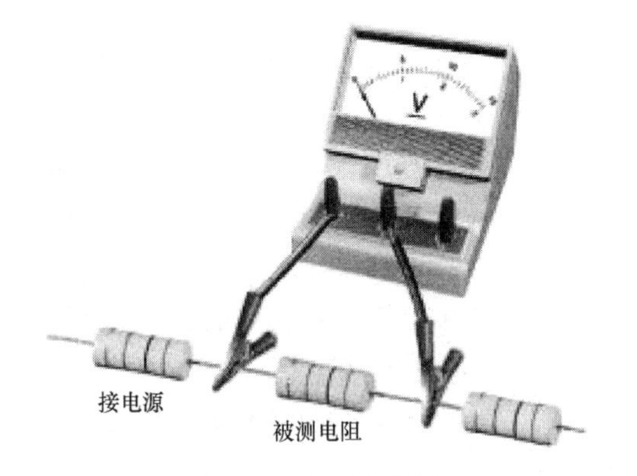

图1-8 电压表测量

2. 电压表原理

电压表和电流表都是根据一个原理，就是电流的磁效应制作的电流越大，所产生的磁力越大，表现出的就是电压表上的指针的摆幅越大，电压表内有一个磁铁和一个导线线圈，通过电流后，会使线圈产生磁场，这样线圈通电后在磁铁的作用下会旋转，这就是电流表、电压表的表头部分。这个表头所能通过的电流很小，两端所能承受的电压也很小（肯定远小于1V，可能只有零点零几伏甚至更小），为了能测量实际电路中的电压，需要给这个电表头中串联一个比较大的电阻，做成电压表。这样，即使两端加上比较大的电压，大部分电压都作用在所加的那个大电阻上，表头上的电压就会很小了。电压表是一种内部电阻很大的仪器，一般应该大于几千欧姆。由于电压表要与被测电阻并联，所以如果直接用灵敏电流计当电压表用，表中的电流过大，会烧坏电表，这时需要在表的内部电路中串联一个很大的电阻，这样改造后，当电压表再并联在电路中时，由于电阻的作用，加在电表两端的电压绝大部分都被这个串联的电阻分担了，所以通过电表的电流实际上很小，因此就可以正常使用了。直流电压表的符号要在“V”下加一个____，交流电压表的符号要在“V”下加一个波浪线“～”。

3. 使用电压表时注意事项

（1）测电压时，必须把电压表并联在被测电路的两端。

（2）“＋”“－”接线柱不能接反。

（3）正确选择量程。被测电压不要超过电压表的量程，使用时接一正一负，并联在电路中。

三、功率表

功率表是一种测量有功功率值的仪表。测出电压和电流后，再用 $P=UI$ 计算出功率。

功率表使用方法：

1. 正确选择功率表量程

选择功率表的量程就是选择功率表中的电流量程和电压量程。使用时应使功率表中的电流量程不小于负载电流，电压量程不低于负载电压，而不能仅从功率量程来考虑。例如，两只功率表，量程分别是1A、300V和2A、150V，由计算可知其功率量程均为300W。如果要测量一负载电压为220V、电流为1A的负载功率时应选用1A、300V的功率表，而2A、150V的功率表虽功率量程也大于负载功率，但是由于负载电压高于功率表所能承受的电压150V，故不能使用。所以，在测量功率前要根据负载的额定电压和额定电流来选择功率表的量程。

2. 正确连接测量线路

电动系测量机构的转动力矩方向和两线圈中的电流方向有关，为了防止电动系功率表的指针反偏，接线时功率表电流线圈标有“·”号的端钮必须接到电源的正极端，而电流线圈的另一端则与负载相连，电流线圈以串联形式接入电路中。功率表电压线圈标有“·”号的端钮可以接到电源端钮的任一端上，而另一电压端钮则跨接到负载的另一端。

当负载电阻远远大于电流线圈的电阻时，应采用电压线圈前接法。这时电压线圈的电压是负载电压和电流线圈电压之和，功率表测量的是负载功率和电流线圈功率之和。如果负载电阻远远大于电流线圈的电阻，则可以略去电流线圈分压所造成的影响，测量结果比较接近负载的实际功率值。

当负载电阻远远小于电压线圈电阻时，应采用电压线圈后接法 。这时电压线圈两端的电压虽然等于负载电压，但电流线圈中的电流却等于负载电流与功率表电压线圈中的电流之和，测量时功率读数为负载功率与电压线圈功率之和。由于此时负载电阻远小于电压线圈电阻，所以电压线圈分流作用大大减小，其对测量结果的影响也可以大为减小。

如果被测负载本身功率较大，可以不考虑功率表本身的功率对测量结果的影响，则两种接法可以任意选择。但最好选用电压线圈前接法，因为功率表中电流线圈的功率一般都小于电压线圈支路的功率。

3. 正确读数

一般安装式功率表为直读单量程式，表上的示数即为功率数。但便携式功率表一般为多量程式，在表的标度尺上不直接标注示数，只标注分格。在选用不同的电流与电压量程时，每一分格都可以表示不同的功率数。在读数时，应先根据所选的电压量程 U、电流量程 I 以及标度尺满量程时的格数，求出每格瓦数（又称功率表常数）C，然后再乘上指针偏转的格数，就可得到所测功率 P。

四、电度表

电度表是用来测量电能的仪表，又称电能表、火表、千瓦小时表，是测量各种电能量的仪表。

1. 电度表分类

按照采样原理，分为机械式电能表、电子式电能表和机电一体式电能表。

按结构和工作原理，分为感应式（机械式）、静止式（电子式）、机电一体式（混合式）。

按接入电源性质，分为交流表、直流表。

按安装接线方式，分为直接接入式、间接接入式

按科技功能，分为普通电表、智能电表

按相数，分为单相和三相电能表。目前，家庭用户基本是单相表，工业动力用户通常是三相表。

2. 电能表的工作原理

当把电能表接入被测电路时，电流线圈和电压线圈中就有交变电流流过，这两个交变电流分别在它们的铁芯中产生交变的磁通；交变磁通穿过铝盘，在铝盘中感应出涡流；涡流又在磁场中受到力的作用，从而使铝盘得到转矩（主动力矩）而转动。负载消耗的功率越大，通过电流线圈的电流越大，铝盘中感应出的涡流也越大，使铝盘转动的力矩就越大。即转矩的大小跟负载消耗的功率成正比。功率越大，转矩也越大，铝盘转动也就越快。铝盘转动时，又受到永久磁铁产生的制动力矩的作用，制动力矩与主动力矩方向相反；制动力矩的大小与铝盘的转速成正比，铝盘转动得越快，制动力矩也越大。当主动力矩与制动力矩达到暂时平衡时，铝盘将匀速转动。负载所消耗的电能与铝盘的转数成正比。铝盘转动时，带动计数器，把所消耗的电能指示出来。这就

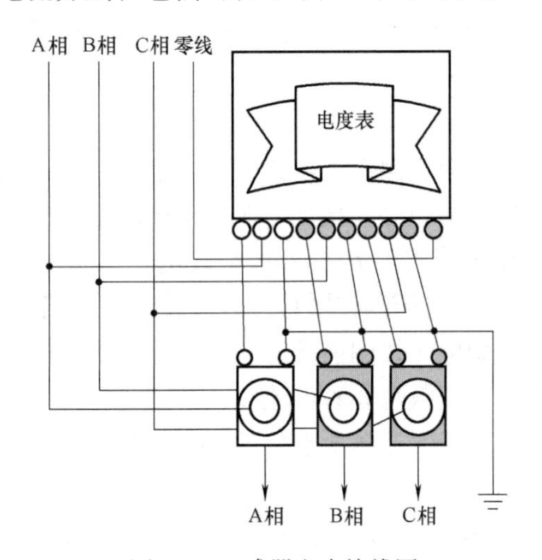

图 1-9 互感器电表接线图

是电能表工作的简单过程。互感器电表接线如图 1-9 所示。

五、欧姆表

欧姆表是测量电阻的仪表，如图 1-10 所示。

1. 欧姆表原理

图 1-11 为欧姆表的测量原理图。G 是内阻为 R_g，满刻度电流为 I_g 的电流表，R 是可变电阻，也叫调零电阻；电池为一节干电池，电动势为 E，内阻是 r，红表笔（插入“+”插孔）与电池负极相连；黑表笔（插入“−”插孔）与电池正极相连。当被测电阻 R_{xr} 跟 R_g、R 相比很小，可以忽略不计。

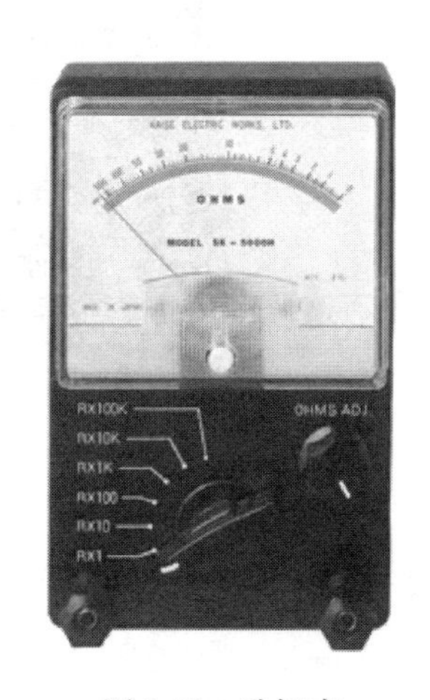

图 1-10 欧姆表

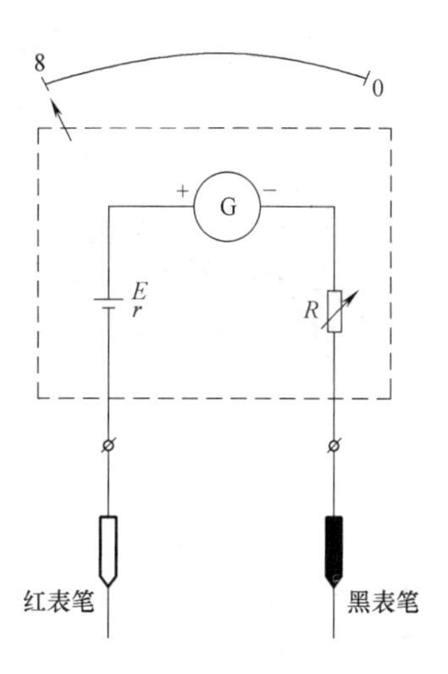

图 1-11 欧姆表测量原理图

2. 使用欧姆表时的注意事项

（1）用欧姆表测电阻，每次换档后和测量前都要重新调零。

（2）测电阻时，待测电阻不仅要和电源断开，而且要和别的元件断开。

（3）测量时，注意手不要碰表笔的金属部分，否则会将人体的电阻并联进去，影响测量结果。

（4）合理选择量程，使指针尽可能在中间刻度附近，参考指针偏转在 $R_{中}/5 \rightarrow 5R_{中}$ 的范围（或电流表指针偏转满度电流的 1/3～2/3）。若指针偏角太大，应改接低档位，反之就改换高档位。读数时应将指针示数乘以档位倍数。

（5）实际应用中要防止超量程，不得测额定电流极小的电器的电阻（如灵敏电流表的内阻）。

（6）测量完毕后，应拔出表笔，选择开关置于 OFF 档位置，或交流电压最高档；长期不用时，应取出电池，以防电池漏电。

（7）欧姆表功能：测量电阻、测二极管正负极。

（8）用法：最好指针打到中间将误差减小。

六、万用表

万用表又叫做多用表、三用表（A，V，Ω 也即电流，电压，电阻三用）、复用表。

万用表分为指针式万用表（图 1-12）和数字万用表（图 1-13），现在还多了一种带示波器功能的示波万用表，是一种多功能、多量程的测量仪表。一般万用表可测量直流电流、直流电压、交流电流、交流电压、电阻和音频电平等，有的还可以测量交流电流、电容量、电感量及半导体的一些参数（如 β）。

万用表由表头、测量电路及转换开关三个主要部分组成。

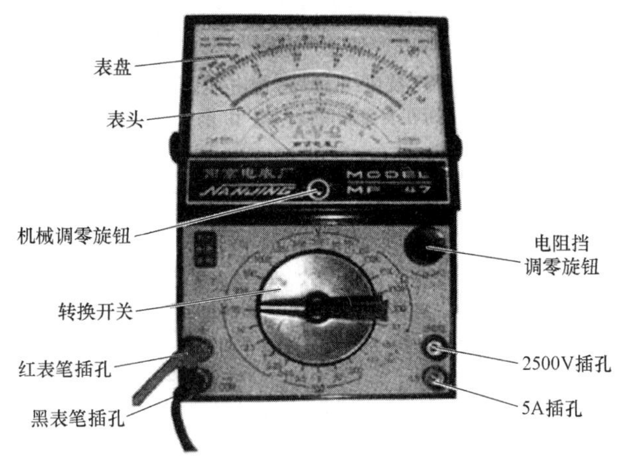

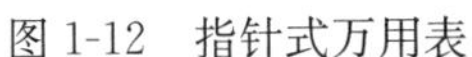
图 1-12　指针式万用表

图 1-13　数字万用表

1. 万用表的操作规程

（1）熟悉表盘上各符号的意义及各个旋钮和选择开关的主要作用。

（2）进行机械调零。

（3）根据被测量的种类及大小，选择转换开关的档位及量程，找出对应的刻度线。

（4）选择表笔插孔的位置。

（5）测量电压：测量电压（或电流）时要选择好量程，如果用小量程去测量大电压，则会有烧表的危险；如果用大量程去测量小电压，那么指针偏转太小，无法读数。量程的选择应尽量使指针偏转到满刻度的 2/3 左右。如果事先不清楚被测电压的大小时，应先选择最高量程档，然后逐渐减小到合适的量程。

1）交流电压的测量：将万用表的一个转换开关置于交、直流电压档，另一个转换开关置于交流电压的合适量程上，万用表两表笔和被测电路或负载并联即可。

2）直流电压的测量：将万用表的一个转换开关置于交、直流电压档，另一个转换开关置于直流电压的合适量程上，且“+”表笔（红表笔）接到高电位处，“－”表笔（黑表笔）接到低电位处，即让电流从“+”表笔流入，从“－”表笔流出。若表笔接反，表头指针会反方向偏转，容易撞弯指针。

（6）测电流：测量直流电流时，将万用表的一个转换开关置于直流电流档，另一个转换开关置于 50uA 到 500mA 的合适量程上，电流的量程选择和读数方法与电压一样。测量时必须先断开电路，然后按照电流从“+”到“－”的方向，将万用表串联到被测电路中，即电流从红表笔流入，从黑表笔流出。如果误将万用表与负载并联，则因表头的内阻很小，会造成短路烧毁仪表。其读数方法如下：实际值＝指示值×量程/满偏。

（7）测电阻：用万用表测量电阻时，应按下列方法操作：

1）机械调零。在使用之前，应该先调节指针定位螺钉使电流示数为零，避免不必要的误差。

2）选择合适的倍率档。万用表欧姆档的刻度线是不均匀的，所以倍率档的选择应使指针停留在刻度线较稀的部分为宜，且指针越接近刻度尺的中间，读数越准确。一般情况下，应使指针指在刻度尺的 1/3～2/3 间。

3）欧姆调零。测量电阻之前，应将两个表笔短接，同时调节“欧姆（电气）调零旋钮”，使指针刚好指在欧姆刻度线右边的零位。如果指针不能调到零位，说明电池电压不足或仪表内部有问题。并且每换一次倍率档，都要再次进行欧姆调零，以保证测量准确。

4）读数：表头的读数乘以倍率，就是所测电阻的电阻值。

2. 万用表使用的注意事项

（1）在测电流、电压时，不能带电换量程。

（2）选择量程时，要先选大的，后选小的，尽量使被测值接近于量程。

（3）测电阻时，不能带电测量。因为测量电阻时，万用表由内部电池供电，如果带电测量则相当于接入一个额外的电源，可能损坏表头。

（4）用毕，应使转换开关在交流电压最大档位或空档上。

（5）注意在欧姆表改换量程时，需要进行欧姆调零，无需机械调零。

七、兆欧表

兆欧表俗称摇表，是用来测量被测设备的绝缘电阻和高值电阻的仪表。它由一个手摇发电机、表头和三个接线柱（即 L：线路端，E：接地端，G：屏蔽端）组成。它的刻度是以兆欧（MΩ）为单位的，如图 1-14 所示。

1. 兆欧表工作原理

工作原理为由机内电池作为电源，经 DC/DC 变换产生的直流高压由 E 极流出，经被测试品到达 L 极，从而产生一个从 E 到 L 极的电流，经过 I/V 变换经除法器完成运算直接将被测的绝缘电阻值由 LCD 显示出来。兆欧表是电力、邮电、通信、机电安装和维修以及利用电力作为工业动力或能源的工业企业部门常用而必不可少的仪表。兆欧表主要用来检查电气设备、家用电器或电气线路对地及相间的绝缘电阻，以保证这些设备、电器和线路工作在正常状态，避免发生触电伤亡及设备损坏等事故，其原理如图 1-15 所示。

图 1-14　兆欧表

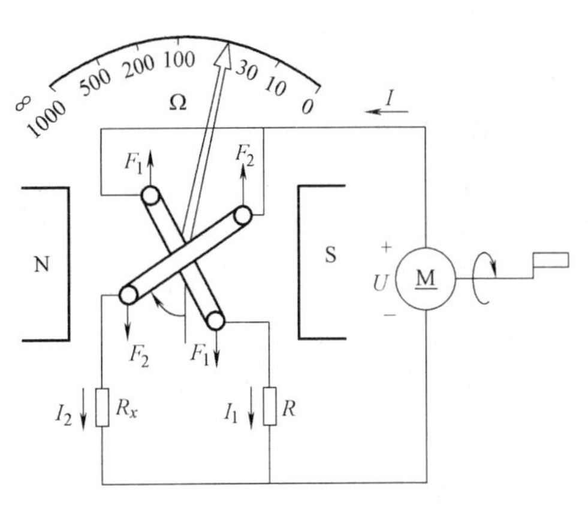

图 1-15　兆欧表原理

2. 兆欧表使用方法

（1）校表。测量前应将摇表进行一次开路和短路试验，检查摇表是否良好。将两连接线开路，摇动手柄，指针应指在“∞”处，再把两连接线短接一下，指针应指在“0”处，符合上述条件者即良好，否则不能使用。

（2）被测设备与线路断开，对于大电容设备还要进行放电。

（3）选用电压等级符合的摇表。

（4）测量绝缘电阻时，一般只用“L”和“E”端，但在测量电缆对地的绝缘电阻或被测设备的漏电流较严重时，就要使用“G”端，并将“G”端接屏蔽层或外壳。线路接好后，可按顺时针方向转动摇把，摇动的速度应由慢而快，当转速达到每分钟 120 转左右时（ZC-25 型），保持匀速转动，1 分钟后读数，并且要边摇边读数，不能停下来读数。

（5）拆线放电。读数完毕，一边慢摇，一边拆线，然后将被测设备放电。放电方法是将测量时使用的地线从摇表上取下来与被测设备短接一下即可（不是摇表放电）。

3. 兆欧表使用注意事项

（1）禁止在雷电时或高压设备附近测绝缘电阻，只能在设备不带电，也没有感应电的情况下测量。

（2）摇测过程中，被测设备上不能有人工作。

（3）摇表线不能绞在一起，要分开。

（4）摇表未停止转动之前或被测设备未放电之前，严禁用手触及。拆线时，也不要触及引线的金属部分。

（5）测量结束时，对于大电容设备要放电。

（6）要定期校验其准确度。

第三节　电气材料知识

一、电线与电缆

1. 基本定义

电线是指传导电流的导线。

电缆通常是由几根或几组导线每组至少两根绞合而成的类似绳索的电缆，每组导线之间相互绝缘，并常围绕着一根中心扭成，整个外面包有高度绝缘的覆盖层。

2. 电线与电缆的区别

电线是由一根或几根柔软的导线组成，外面包以轻软的护层；电缆是由一根或几根绝缘包导线组成，外面再包以金属或橡皮制的坚韧外层。

通常将芯数少、产品直径小、结构简单的产品称为电线，没有绝缘的称为裸电线，其他的称为电缆；导体截面积较大的（大于 $6mm^2$）称为大电线，较小的（小于或等于 $6mm^2$）称为小电线，绝缘电线又称为布电线。在日常习惯上，人们把家用布电线叫做电线，把电力电缆简称电缆。

3. 电线电缆的组成

电线电缆由导体、绝缘层、屏蔽层和保护层四部分组成。

（1）导体：导体是电线电缆的导电部分，用来输送电能，是电线电缆的主要部分。

（2）绝缘层：绝缘层是将导体与大地以及不同相的导体之间在电气上彼此隔离，保证电能输送，是电线电缆结构中不可缺少的组成部分。

（3）屏蔽层：15kV 及以上的电线电缆一般都有导体屏蔽层和绝缘屏蔽层。

（4）保护层：保护层的作用是保护电线电缆免受外界杂质和水分的侵入，以及防止外力直接损坏电力电缆。

4. 电线电缆主要分类

（1）裸电线及裸导体制品。

本类产品的主要特征是：纯的导体金属，无绝缘及护套层，如钢芯铝绞线、铜铝汇流排、电力机车线等；加工工艺主要是压力加工，如熔炼、压延、拉制、绞合/紧压绞合等；产品主要用在城郊、农村、用户主线、开关柜等。

（2）电力电缆。

本类产品主要特征是：在导体外挤（绕）包绝缘层，如架空绝缘电缆，或几芯绞合（对应电力系统的相线、零线和地线），如二芯以上架空绝缘电缆，或再增加护套层，如塑料/橡套电线电缆。主要的工艺技术有拉制、绞合、绝缘挤出（绕包）、成缆、铠装、护层挤出等，各种产品的不同工序组合有一定区别。

产品主要用在发、配、输、变、供电线路中的强电电能传输，通过的电流大（几十安培至几千安培）、电压高（220V～500kV 及以上）。

（3）电气装备用电线电缆。

该类产品主要特征是：品种规格繁多，应用范围广泛，使用电压在 1kV 及以下较多，面对特殊场合不断衍生新的产品，如耐火线缆、阻燃线缆、低烟无卤/低烟低卤线缆、防白蚁、防老鼠线缆、耐油/耐寒/耐温/耐磨线缆、医用/农用/矿用线缆、薄壁电线等。

（4）通信电缆及光纤。

随着近二十多年来通信行业的飞速发展，产品也有惊人的发展速度。从过去的简单的电话电报线缆发展到几千对的话缆、同轴缆、光缆、数据电缆，甚至组合通信缆等。

该类产品结构尺寸通常较小而均匀，制造精度要求高。

（5）电磁线（绕组线）。

主要用于各种电机、仪器仪表等。

（6）衍生品/新产品。

电线电缆的衍生品/新产品主要是因应用场合、应用要求不同及装备的方便性和降低装备成本等的要求，而采用新材料、特殊材料或改变产品结构，或提高工艺要求，或将不同品种的产品进行组合而产生。

采用不同材料如阻燃线缆、低烟无卤/低烟低卤线缆、防白蚁、防老鼠线缆、耐油/耐寒/耐温线缆等；改变产品结构如耐火电缆等；提高工艺要求如医用线缆等；组合产品如 OPGW 等；方便安装和降低装备成本如预制分支电缆等。

5. 电缆的存放要点

电缆如果要长期存放，应注意是否放置于：

（1）屋檐下。电缆只在不直接暴露在阳光照射或超高温下，标准局域网电缆就可以应用，建议使用管道。

（2）外墙上。避免阳光直接照射墙面及人为损坏。

（3）管道里（塑料或金属的）。如在管道里，注意塑料管道的损坏及金属管道的导热。

（4）悬空应用/架空电缆。考虑电缆的下垂和压力。打算采用哪种捆绑方式，电缆是否被阳光直接照射。

（5）直接在地下电缆沟中铺设，这种环境是控制范围最小的。电缆沟的安装要定期进行干燥或潮湿程度的检查。

（6）地下管道。为便于今后的升级，电缆更换以及与表面压力和周围环境隔离，敷设管道相隔离，敷设管道是一个较好的方法。但不要寄希望于管道会永远保持干燥，这将影响对电缆种类的选择。

6. 电缆的埋设要求

（1）电缆线相互交叉时，高压电缆应在低压电缆下方。如果其中一条电缆在交叉点前后 1m 范围内穿管保护或用隔板隔开时，最小允许距离为 0.25m。

（2）电缆与热力管道接近或交叉时，如有隔热措施，平行和交叉的最小距离分别为 0.5m 和 0.25m。

（3）电缆与铁路或道路交叉时应穿管保护，保护管应伸出轨道或路面 2m 以外。

（4）电缆与建筑物基础的距离，应能保证电缆埋设在建筑物散水以外；电缆引入建筑物时应穿管保护，保护管亦应超出建筑物散水以外。

（5）直接埋在地下的电缆与一般接地装置的接地之间应相距 0.25～0.5m；直接埋在地下的电缆埋设深度，一般不应小于 0.7m，并应埋在冻土层下。

7. 电缆的常见故障

电缆线路常见的故障有机械损伤、绝缘损伤、绝缘受潮、绝缘老化变质、过电压、电缆过热故障等。当线路发生上述故障时，应切断故障电缆的电源，寻找故障点，对故障进行检查及分析，然后进行修理和试验，该割除的割除，待故障消除后，方可恢复供电。

（1）电缆故障最直接的原因是绝缘能力降低而被击穿。

主要有：

1）超负荷运行：长期超负荷运行，将使电缆温度升高，绝缘老化，以致击穿绝缘，降低质量。

2）电气方面：电缆头施工工艺达不到要求，电缆头密封性差，潮气侵入电缆内部，电缆绝缘性能下降；敷设电缆时未能采取保护措施，保护层遭破坏，绝缘能力降低。

3）土建方面：工作井管沟排水不畅，电缆长期被水浸泡，损害绝缘强度；工作井太小，电缆弯曲半径不够，长期受挤压外力破坏。主要是市政施工中机械野蛮施工，挖伤挖断电缆。

4）腐蚀：保护层长期遭受化学腐蚀或电缆腐蚀，致使保护层失效，绝缘能力降低。

5）电缆本身或电缆头附件质量差，电缆头密封性差，绝缘胶溶解、开裂，导致出现的谐振现象，为线路断线故障，使线路相间电容及对地电容与配电变压器励磁电感构成谐振回路，从而激发铁磁谐振。

（2）断线故障引起谐振的危害。

断线谐振在严重情况下，高频与基频谐振叠加，能使过压幅值达到相电压［P］的 2.5 倍，可能导致系统中性点位移，绕组及导线出现过压，严重时可使绝缘闪络，避雷器爆炸，电气设备损坏。在某些情况下，负载变压器相序可能反转，还可能将过电压传递到变压器的低压侧，造成危害。

（3）防止断线谐振过压的主要措施有：

1）不采用熔断器，避免非全相运行。

2）加强线路的巡视和检修，预防断线的发生。

3）不将空载变压器长期挂在线路上。

4）采用环网或双电源供电。

5）在配变侧附加相间电容。

二、电工绝缘材料

1. 电工绝缘材料的概念

电工绝缘材料的定义是：用来使器件在电气上绝缘的材料。也就是能够阻止电流通过的材料。它的电阻率很高，通常在 $10^6 \sim 10^{19}\Omega \cdot m$ 的范围内。如在电机中，导体周围的绝缘材料将匝间隔离并与接地的定子铁芯隔离开来，以保证电机的安全运行。

绝缘材料对直流电流有非常大的阻力，在直流电压作用下，除了有极微小的表面泄漏电流外，实际上几乎是不导电的，而对于交流电流则有电容电流通过，但也认为是不导电的。绝缘材料的电阻率越大，绝缘性能越好。绝缘材料是决定电机、电器技术经济指标的关键因素之一。

不同的电工产品中，根据需要，绝缘材料往往还起着储能、散热、冷却、灭弧、防潮、防霉、防腐蚀、防辐照、机械支承和固定、保护导体等作用。

2. 绝缘材料的分类

绝缘材料种类很多，可分气体、液体、固体三大类。

常用的气体绝缘材料有空气、氮气、六氟化硫等。

液体绝缘材料主要有矿物绝缘油、合成绝缘油（硅油、十二烷基苯、聚异丁烯、异丙基联苯、二芳基乙烷等）两类。

固体绝缘材料可分有机、无机两类。有机固体绝缘材料包括绝缘漆、绝缘胶、绝缘纸、绝缘纤维制品、塑料、橡胶、漆布漆管及绝缘浸渍纤维制品、电工用薄膜、复合制品和粘带、电工用层压制品等。无机固体绝缘材料主要有云母、玻璃、陶瓷及其制品。相比之下，固体绝缘材料品种多样，也最为重要。

3. 绝缘材料耐热程度分级

绝缘材料的绝缘性能与温度有密切的关系。温度越高，绝缘材料的绝缘性能越差。为保证绝缘强度，每种绝缘材料都有一个适当的最高允许工作温度，在此温度以下，可以长期安全地使用，超过这个温度就会迅速老化。按照耐热程度，把绝缘材料分为 Y、A、E、B、F、H、C 等级别，各耐热等级对应的温度见表 1-3。

绝缘材料耐热程度分级　　表 1-3

耐热分级	极限温度	耐热等级定义	相当于该耐热等级的绝缘材料
Y	90℃	用经过试验证明，在 90℃ 极限温度下能长期使用的绝缘材料或其组合物所组成的绝缘结构	未浸渍过的棉纱、丝及纸等材料或其组合物

续表

耐热分级	极限温度	耐热等级定义	相当于该耐热等级的绝缘材料
A	105℃	用经过试验证明，在105℃极限温度下能长期使用的绝缘材料或其组合物所组成的绝缘结构	浸渍过的或者浸在液体电介质中的棉纱、丝及纸等材料或其组合物
E	120℃	用经过试验证明，在120℃极限温度下能长期使用的绝缘材料或其组合物所组成的绝缘结构	合成有机薄膜、合成有机瓷漆等材料或其组合物
B	130℃	用经过试验证明，在130℃极限温度下能长期使用的绝缘材料或其组合物所组成的绝缘结构	合适的树脂粘合或浸渍、涂覆后的云母、玻璃纤维、石棉等，以及其他无机材料、合适的有机材料或其组合物
F	155℃	用经过试验证明，在155℃极限温度下能长期使用的绝缘材料或其组合物所组成的绝缘结构	合适的树脂粘合或浸渍、涂覆后的云母、玻璃纤维、石棉等，以及其他无机材料、合适的有机材料或其组合物
H	180℃	用经过试验证明，在180℃极限温度下能长期使用的绝缘材料或其组合物所组成的绝缘结构	合适的树脂（如有机硅树脂）粘合或浸渍、涂覆后的云母、玻璃纤维、石棉等材料或其组合物
C	>180℃	用经过试验证明，在超过180℃极限温度下能长期使用的绝缘材料或其组合物所组成的绝缘结构	合适的树脂粘合或浸渍、涂覆后的云母、玻璃纤维等，以及未经浸渍处理的云母、陶瓷、石英等材料或其组合物；C级绝缘的极限温度应根据不同的物理、机械、化学和电气性能确定之

4. 绝缘材料的性能

不同的电工设备对绝缘材料性能的要求各有侧重。高压电工装置如高压电机、高压电缆等用的绝缘材料要求有高的击穿强度和低的介质损耗。低压电器则以机械强度、断裂伸长率、耐热等级等作为主要要求。

绝缘材料的宏观性能如电性能、热性能、力学性能、耐化学药品、耐气候变化、耐腐蚀等性能与它的化学组成、分子结构等有密切关系。无机固体绝缘材料主要是由硅、硼及多种金属氧化物组成，以离子型结构为主，主要特点为耐热性高，工作温度一般大于180℃，稳定性好，耐大气老化性、耐化学药品性及长期在电场作用下的老化性能好；但脆性高，耐冲击强度低，耐压高而抗张强度低；工艺性差。有机材料一般为聚合物，平均分子量在10^4～10^6之间，其耐热性通常低于无机材料。含有芳环、杂环和硅、钛、氟等元素的材料其耐热性则高于一般线链形高分子材料。

影响绝缘材料介电性能的重要因素是分子极性的强弱和极性组分的含量。极性材料的介电常数、介质损耗均高于非极性材料，并且容易吸附杂质离子增加电导而降低其介电性能。故在绝缘材料制造过程中要注意清洁，防止污染。电容器用电介质要求有高的介电常数，以提高其比特性。

三、电工常用管材

电工在线路敷设时，为了保护导线绝缘层不受损坏，常常需要使用各种管材，用以对电线起保护作用，其抗冲击性能强，可以有效保护电线在施工过程中免受外为冲击，阻燃性能好，也可减少电线短路过载而引对火灾发生的可能性。

在使用时，应根据场合和使用要求，选用不同的管材材料。常用的管材材料有钢管、金属软管、塑料管和瓷管等。

1. 钢管

电工用钢管，主要用于内线线路敷设，电线穿在管内可免受腐蚀、外部机械损伤及鼠类等的毁坏。电工用钢管分厚壁钢管和薄壁钢管，有内外壁镀锌和不镀锌之分，敷设的方法有明敷设和暗敷设两种，以适应不同的敷设场所。

2. 金属软管

电工用金属软管一般管内壁带有绝缘层，有相当好的机械强度和绝缘防护性能，又有良好的活动性、曲折性，适用于需要导线折弯敷设的场合。

3. 塑料管

目前常用的是聚氯乙烯塑料管，阻燃性能好的 PVC 管在火焰上烧烤离开后，自燃火能迅速熄灭，避免火势沿管道蔓延；同时，这种塑料管有较好的耐油、耐酸、耐碱、耐盐和绝缘防护性能，也有一定的机械强度，适用于绝缘导线的明敷和暗敷，对导线起保护作用。可以埋入墙体内，也可以固定在墙外，供绝缘导线穿入。

4. 瓷管

瓷管具有良好的绝缘性能，供导线穿线用，对导线起绝缘保护作用。常用的瓷管有直管和弯管两种。当绝缘导线穿过墙到另一房间时，穿过墙的一段导线要套一个直瓷管；当绝缘导线从室外穿墙到室内时要套一个弯瓷管，弯瓷管的弯头在室外并使弯头朝下。

第四节　电气识图知识

一、施工图纸基本知识

为了使建筑制图规格基本统一，图面清晰简明，保证图纸质量，符合设计、施工、存档要求，以适应国家工程建设需要，由建设部会同有关部门批准并颁布了一系列国家制图标准。该标准要求所有工程人员在设计、施工、管理（当然包括工程预算人员）中必须严格执行。

1. 图纸的幅面和格式

图纸幅面是指图纸本身的规格大小。图框是图纸内供绘图的范围线。图纸幅面图框按表 1-4 规定，图框如图 1-16 所示，会签栏如图 1-17 所示。

2. 比例

图纸比例应为图形与实物相对应的线型尺寸之比。比例的大小是指其比值的大小，如：1∶50、1∶100、1∶200 等。比例宜标注在图签右侧，并优先选用常用比例。一般情况下，一个图样应选用一个比例。

图纸的幅面（mm）　　　　表 1-4

基本幅面代号	A0	A1	A2	A3	A4
$b\times d$	841×1189	594×841	420×594	297×420	210×297
c	10	10	10	5	5
a	25	25	25	25	25

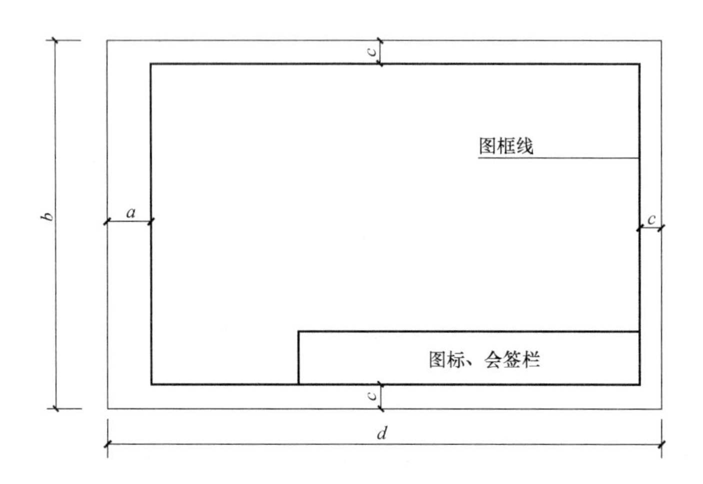

图 1-16　图框

<table>
<tr><td colspan="4" rowspan="2">××设计研究院</td><td>工程名称</td><td colspan="5">××××××工程</td></tr>
<tr><td>子项名称</td><td colspan="5">小区变电所工程</td></tr>
<tr><td>审　定</td><td></td><td>校　核</td><td></td><td colspan="6" rowspan="2">变电所平面布置图</td></tr>
<tr><td>审　核</td><td></td><td>设　计</td><td></td></tr>
<tr><td>项目负责人</td><td></td><td>制　图</td><td></td><td>阶　段</td><td>施工图</td><td>专　业</td><td>电力</td><td>比　例</td><td>1/300</td></tr>
<tr><td>专业负责人</td><td></td><td>日　期</td><td></td><td>图　号</td><td colspan="5">2012D-06-01</td></tr>
</table>

图 1-17　会签栏

3. 尺寸及单位

施工图中均注有尺寸，作为施工依据。尺寸由数字及单位组成。总图标高以 m（米）为单位，其余以 mm（毫米）为单位。

4. 定位轴线

定轴线是用来确定建筑物主要结构及构件位置的尺寸基准线（至少有纵向和横向两条线来定位）。凡承重构件如：墙、柱、梁、屋架以及需要定位的各种设施等位置都要画上定位轴线并进行编号，施工时以此作为定位的基准。定位轴线用单点长画线表示，端部画细实圆（D=8～10mm），圆心应在定轴线的延长线或延长折线上，圆内注明编号。

在建筑平面上定位轴线编号，宜标注在图样的下方或左侧。横向编号应用阿拉伯数字由左至右编写，竖向应用大写拉丁字母由下至上编写。但其中 I、O、Z 不得用于编写以免与数字 1、0、2 混淆。大型工程总图也采用坐标法定位，如 X＝xxx/Y＝xxx，如图 1-18所示。

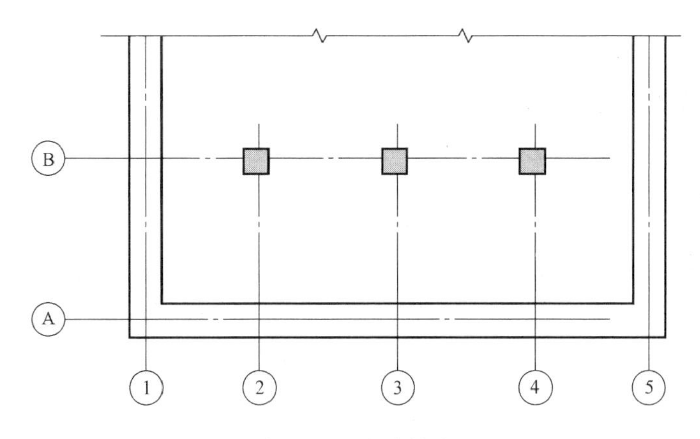

图 1-18　定位轴线

5. 标高

标高顾名思义为标准高度。标高分为绝对标高和相对标高。

建筑物各部分的高度用标高来表示。符号用直角等腰三角形表示，下横线为某点高度界线，符号上面注明标高。标高单位采用米（m）。

绝对标高：我国把青岛黄海平均海平面定为绝对标高的零点，其他各地标高都以它为基准点。

相对标高：通常把室内首层地面标高定为相对标高的零点，写作“±0.000”，高于±0.000的为正（可以不写＋号）。低于它的为负，必须注明负的符号。

一般应在总说明图中说明绝对标高和相对标高的关系，例如：±0.000＝39.80m。

另外在大比例总图的地形图中多采用等高线注明法而不采用标高符号，如图 1-19 所示。

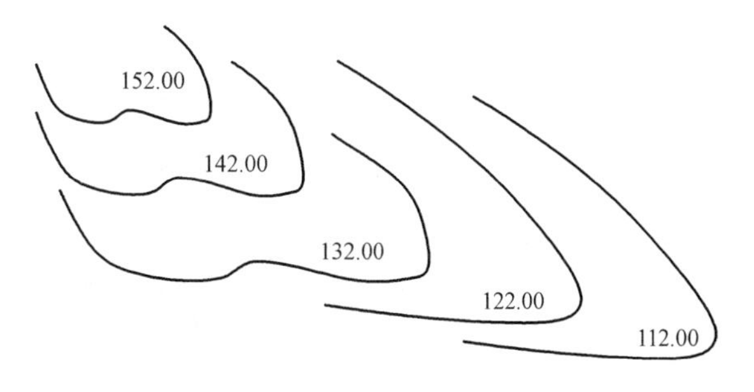

图 1-19　等高线表示法

6. 索引号

索引号是便于看图时查找相互有关的图纸。

索引号反映基本图纸与详图、详图与详图之间，以及有关工种图纸之间的关系。

索引号的注写方法，如图 1-20 所示。

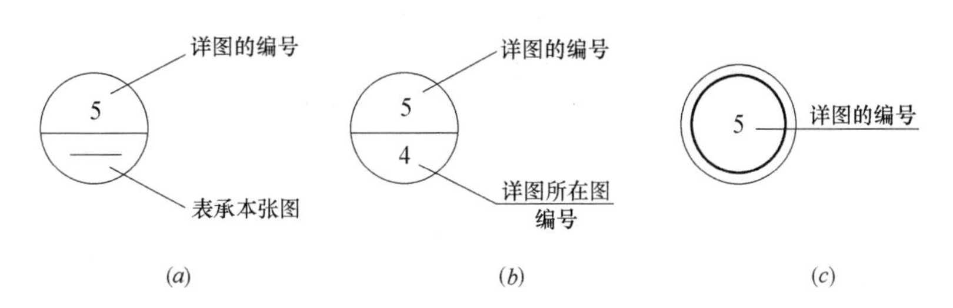

图 1-20　索引号的注写方法

（*a*）所索引的详图在本张图纸上。（*b*）所索引的详图不在本张图纸上。（*c*）详图索引标志

二、电气工程识图

按图纸的表现内容分，一般有电气平面图、电气系统图、控制原理图、二次接线图、详图、电缆表册、图例、设备材料表、设计说明、图纸目录等。

1. 电气平面图

电气平面图是将同一层内不同安装高度的电气设备及线路都放在同一平面上来表示，在建筑平面图上标出电气设备、元件、管线、防雷接地等的规格型号、实际布置。一般大型工程都有电气总平面图，中小型工程则由动力平面图或照明平面图代替。某变电室平面布置示意如图 1-21 所示，照明平面图如图 1-22 所示。

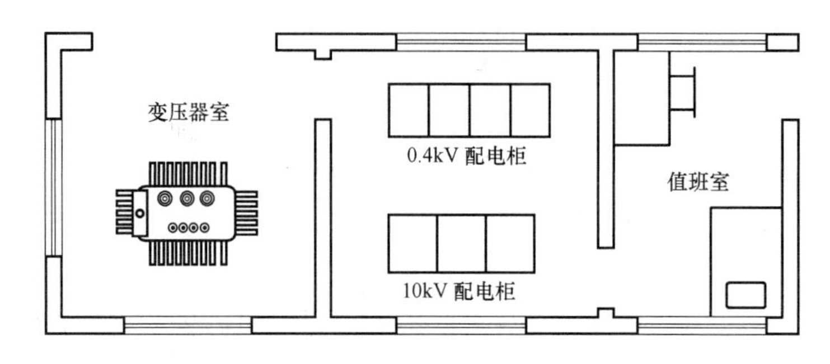

图 1-21　变电室平面布置示意图

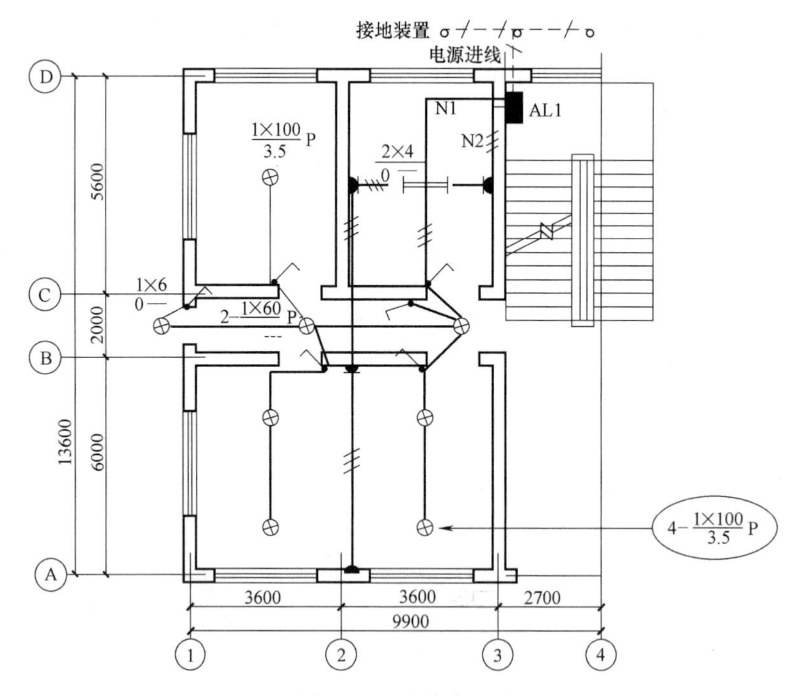

图 1-22　照明平面图

2. 电气系统接线图

所谓电气系统接线，是示意性地把整个工程的供电线路用单线连接形式准确、概括的电路图，它不表示相互的空间位置关系，表示的是各个回路的名称、用途、容量以及主要电气设备、开关元件及导线规格、型号等参数，如图 1-23 所示。

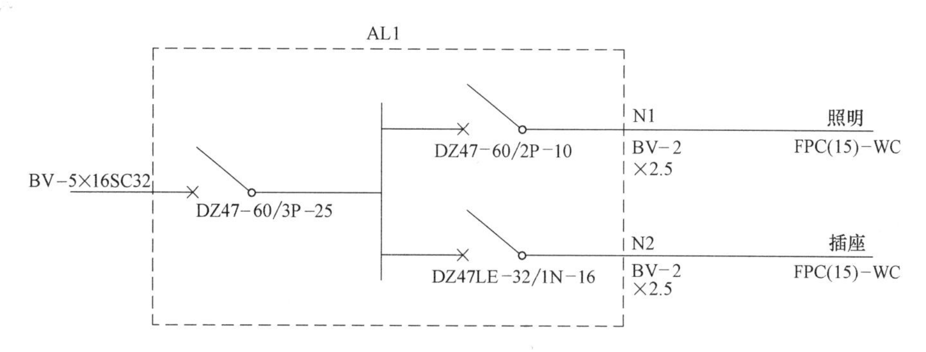

图 1-23　电气系统接线图

3. 电气自动控制原理图

电气自动控制系统图一般有三种：电气原理图、电器布置图和电气安装接线图。由于它们的用途不同，绘制原则也有差别。

电气原理图目的是便于阅读和分析控制线路，应根据结构简单、层次分明清晰的原则，采用电器元件展开形式绘制。它包括所有电器元件的导电部件和接线端子，但并不按照电器元件的实际布置位置来绘制，也不反映电器元件的实际大小。单向全压启动控制线路如图 1-24 所示。

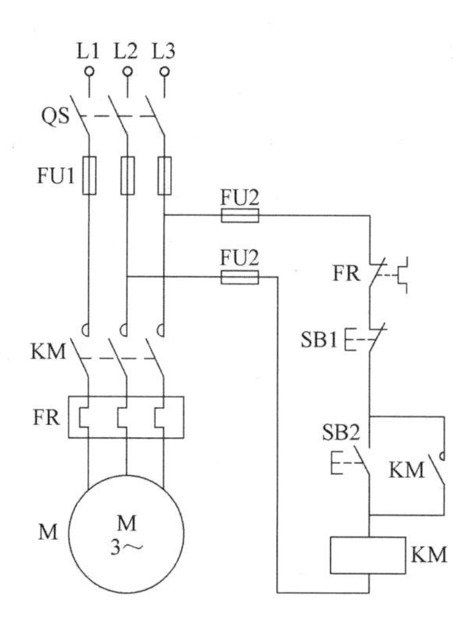

图 1-24　单向全压启动控制线路图

第二章　专 业 知 识

第一节　继 电 保 护

一、基本定义

1. 继电保护

研究电力系统故障和危及安全运行的异常工况，以探讨其对策的反事故自动化措施。因在其发展过程中曾主要用有触点的继电器来保护电力系统及其元件（发电机、变压器、输电线路等）使之免遭损害，所以也称继电保护。

2. 继电保护装置

继电保护装置是一个或多个保护元件（如继电器）和逻辑元件按要求组配在一起，并完成电力系统中某项特定保护功能的装置。

继电保护装置的作用：当电力系统中的电力元件（如发电机、线路等）或电力系统本身发生了故障危及电力系统安全运行时，能够向运行值班人员及时发出警告信号，或者直接向所控制的断路器发出跳闸命令，以终止这些事件发展的一种自动化措施和设备。实现这种自动化措施的成套设备，一般通称为继电保护装置。

二、基本构成

（1）测量比较元件。

（2）逻辑判断元件。

（3）执行输出元件。

继电保护装置构成如图 2-1 所示。

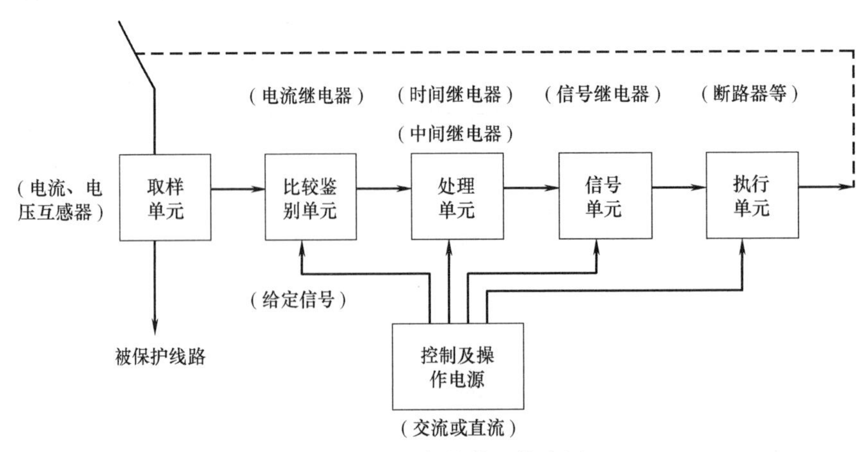

图 2-1　继电保护装置构成图

三、工作原理

1. 继电保护基本原理

继电保护主要是利用电力系统中元件发生短路或异常情况时的电气量（电流、电压、功率、频率等）的变化构成继电保护动作的原理，还有其他的物理量，如变压器油箱内故障时伴随产生的大量瓦斯和油流速度的增大或油压强度的增高。大多数情况下，不管反映哪种物理量，继电保护装置都包括测量部分（称定值调整部分）、逻辑部分、执行部分。

（1）电力系统运行中的参数（如电流、电压、功率因数）在正常运行和故障情况时是有明显区别的。继电保护装置就是利用这些参数的变化，在反映、检测的基础上来判断电力系统故障的性质和范围，进而作出相应的反应和处理（如发出警告信号或令断路器跳闸等）。

（2）继电保护装置的原理框图分析：

1）取样单元。它将被保护的电力系统运行中的物理量（参数）经过电气隔离并转换为继电保护装置中比较鉴别单元可以接收的信号，由一台或几台传感器（如电流、电压互感器）组成。

2）比较鉴别单元。包括给定单元，由取样单元来的信号与给定信号比较，以便下一级处理单元发出何种信号（正常状态、异常状态或故障状态）。比较鉴别单元可由4只电流继电器组成，两只为速断保护，另两只为过电流保护。电流继电器的整定值即为给定单元，电流继电器的电流线圈则接收取样单元（电流互感器）来的电流信号，当电流信号达到电流整定值时，电流继电器动作，通过其接点向下一级处理单元发出使断路器最终掉闸的信号；若电流信号小于整定值，则电流继电器不动作，传向下级单元的信号也不动作。鉴别比较信号“速断”、“过电流”的信息传送到下一单元处理。

3）处理单元。接受比较鉴别单元来的信号，按比较鉴别单元的要求进行处理，根据比较环节输出量的大小、性质、组合方式出现的先后顺序，来确定保护装置是否应该动作。处理单元由时间继电器、中间继电器等构成。电流保护：速断——中间继电器动作，过电流——时间继电器动作（延时过程）。

4）执行单元。故障的处理通过执行单元来实施。执行单元一般分两类：一类是声、光信号继电器（如电笛、电铃、闪光信号灯等）；另一类为断路器的操作机构的分闸线圈，使断路器分闸。

5）控制及操作电源。继电保护装置要求有自己独立的交流或直流电源，而且电源功率也因所控制设备的多少而增减；交流电压一般为220V，功率1kVA以上。

2. 继电保护装置的特性

继电保护装置应满足可靠性、选择性、灵敏性和速动性的要求，这四“性”之间紧密联系，既矛盾又统一。

（1）动作选择性：指首先由故障设备或线路本身的保护切除故障，当故障设备或线路本身的保护或断路器拒动时，才允许由相邻设备保护、线路保护或断路器失灵保护来切除故障。上、下级电网（包括同级）继电保护之间的整定，应遵循逐级配合的原则，以保证电网发生故障时有选择性地切除故障。切断系统中的故障部分，而其他非故障部分仍然继续供电。

（2）动作速动性：指保护装置应尽快切除短路故障，其目的是提高系统稳定性，减轻故障设备和线路的损坏程度，缩小故障波及范围，提高自动重合闸和备用设备自动投入的效果。

（3）动作灵敏性：指在设备或线路的被保护范围内发生金属性短路时，保护装置应具有必要的灵敏系数（规程中有具体规定）。通过继电保护的整定值来实现。整定值的校验一般一年进行一次。

（4）动作可靠性：指继电保护装置在保护范围内该动作时应可靠动作，在正常运行状态时，不该动作时应可靠不动作。任何电力设备（线路、母线、变压器等）都不允许在无继电保护的状态下运行，可靠性是对继电保护装置性能的最根本的要求。

四、过流保护

1. 过流保护的概念

很多电子设备都有个额定电流，不允许超过额定电流，不然会烧坏设备。所以有些设备就做了电流保护模块。当电流超过设定电流时候，设备自动断电，以保护设备。如主板USB，一般有USB过流保护，保护主板不被烧坏。

2. 过流保护的工作原理

过电流保护一般分为定时限与反时限过流保护，电流速断保护，中性点不接地系统的单相接地保护。

过流保护由电流继电器、时间继电器和信号继电器组成，电流互感器和电流继电器组成测量元件，用来判断通过线路电流是否超过标准，时间继电器为延时元件，它以适当的延时来保证装置动作有选择性，信号继电器用来发出保护动作信号。

正常运行时，电流继电器和时间继电器的触点都是断开的，当被保护区故障或电流过大时，电流继电器动作，通过其触点启动时间继电器，经过预定的延时后，时间继电器触点闭合，将断路器跳闸线圈接通，断路器跳闸，故障线路被切除，同时启动了信号继电器，信号牌掉下，并接通灯光或声响信号。

过流保护原理如图 2-2 所示。

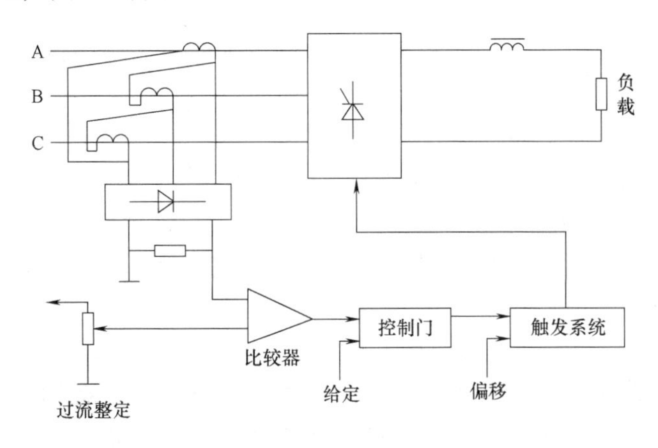

图 2-2　过流保护原理图

3. 过流保护的延时特性

过流保护装置的短路电流与动作时间之间的关系曲线称为保护装置的延时特性。延时特性又分为定时限延时特性和反时限延时特性。定时限延时的动作时间是固定的，与短路电流的大小无关。反时限延时动作时间与短路电流的大小有关，短路电流大，动作时间短，短路电流小，动作时间长。短路电流与动作时限成一定曲线关系。

五、差动保护

1. 差动保护的概念

差动保护是输入的两端CT电流矢量差，当达到设定的动作值时启动动作元件。

电流差动保护是继电保护中的一种保护。正相序是A超前B，B超前C各是120°。反相序（即是逆相序）是A超前C，C超前B各是120°。有功方向变反只是电压和电流之间的角加上180°，就是反相功率，而不是逆相序。

2. 差动保护的工作原理

差动保护是利用基尔霍夫电流定理工作的，当变压器正常工作或区外故障时，将其看作理想变压器，则流入变压器的电流和流出电流（折算后的电流）相等，差动继电器不动作。当变压器内部故障时，两侧（或三侧）向故障点提供短路电流，差动保护感受到的二次电流和正比于故障点电流，差动继电器动作。

差动保护原理简单、使用电气量单纯、保护范围明确、动作不需延时，一直用于变压器作主保护。另外，差动保护还有线路差动保护、母线差动保护等。

变压器差动保护是防止变压器内部故障的主保护。其接线方式，按回路电流法原理，把变压器两侧电流互感器二次线圈接成环流，变压器正常运行或外部故障，如果忽略不平衡电流，在两个互感器的二次回路臂上没有差电流流入继电器，即：$i_{\mathrm{J}}=i_{\mathrm{bp}}=i_{\mathrm{I}}-i_{\mathrm{II}}=0$。

如果内部故障，如图2-3所示ZD点短路，流入继电器的电流等于短路点的总电流。即：$i_{\mathrm{J}}=i_{\mathrm{bp}}=i_{\mathrm{I}2}+i_{\mathrm{II}2}$。当流入继电器的电流大于动作电流，保护动作断路器跳闸。

变压器差动保护原理如图2-4所示。

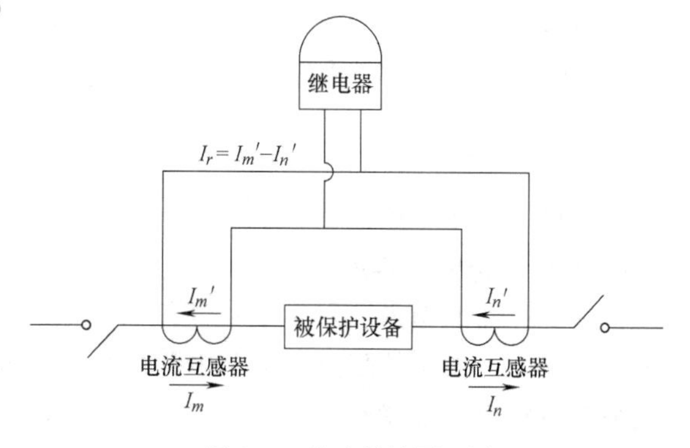

图2-3　差动保护原理图

3. 差动保护的保护范围

一般保护范围在输入的两端CT之间的设备（可以是线路，发电机，电动机，变压器等电气设备）。

变压器的差动保护是按循环电流原理装设的。在变压器两侧安装具有相同型号的两台电流互感器，其二次采用环流法接线，在正常与外部故障时，变压器两侧的电流大小相等、方向相反，差动继电器中没有电流流过；而在差动保护范围内发生相间短路时，差动继电器中就会有很大的电流流过。

变压器差动保护范围：变压器高压侧及低压侧断路器之间的所有设备、引线、铝线等。

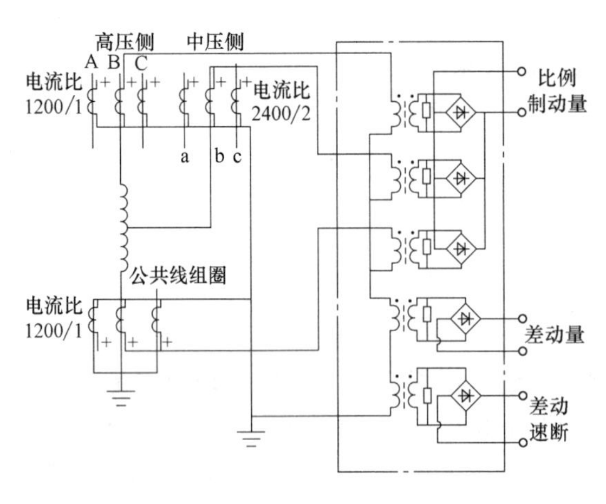

图 2-4　变压器差动保护原理

差动保护是变压器的主保护，是按循环电流原理装设的。主要用来保护双绕组或三绕组变压器绕组内部及其引出线上发生的各种相间短路故障，同时也可以用来保护变压器单相匝间短路故障。变压器差动保护的范围是构成变压器差动保护的电流互感器之间的电气设备，以及连接这些设备的导线。

六、电压速断保护

1. 电压速断保护的概念

线路发生短路故障时，母线电压急剧下降，在电压下降到电压保护整定值时，低电压继电器动作，跳开断路器，瞬时切除故障。这就是电压速断保护。

2. 电压速断、过流保护的差别

速断保护动作定值大，无时限（或时限很小，0.2 秒），是变压器的主保护。

过流保护动作定值小，一般是额定电流的 1.2～1.4 倍，有时限，是变压器的后备保护。

工作原理：两者的工作原理是一样的，都是通过互感器监测保护范围的电流的变化，再通过保护继电器发现跳闸信号，从而切断故障电源，保护设备以免故障扩大。

七、瓦斯保护

1. 瓦斯保护的概念

瓦斯保护是变压器内部故障的主要保护元件，对变压器匝间和层间短路、铁芯故障、套管内部故障、绕组内部断线及绝缘劣化和油面下降等故障均能灵敏动作。当油浸式变压器的内部发生故障时，由于电弧将使绝缘材料分解并产生大量的气体，从油箱向油枕流动，其强烈程度随故障的严重程度不同而不同，反映这种气流与油流而动作的保护称为瓦斯保护，也叫气体保护。

2. 瓦斯保护的工作原理

当在变压器油箱内部发生故障（包括轻微的匝间短路和绝缘破坏引起的经电弧电阻的接地短路）时，由于故障点电流和电弧的作用，将使变压器油（通常为 25 号绝缘油）及其他绝缘材料因局部受热而分解产生气体，因气体比较轻，它们将从油箱流向油枕的上部。当故障严重时，油会迅速膨胀并产生大量的气体，此时将有剧烈的气体夹杂着油流冲向油枕的上部，使继电器的接点动作，接通指定的控制回路，并及时发出信号或自动切除变压器，构成反应于上述气体而动作的保护装置称为瓦斯保护。

瓦斯继电器是构成瓦斯保护的主要元件，例如 FJ3-80 型、QJ 系列，它安装在油箱本体与油枕之间的连接管道上，为了增加瓦斯保护的灵敏系数与可靠性，必须使变压器内故障所产生的气体全部顺利地通过瓦斯继电器，因此在安装变压器时应使油箱体向油枕方向倾斜 1%～1.5%，油管应向油枕方向倾斜 2%～4%。

旧式瓦斯继电器（浮筒式水银接点继电器）运行尚不够稳定，抗振能力较差，容易因振动而使水银流动造成误动作。而开口杯挡板式瓦斯继电器具有较高的耐振能力，动作可靠。因此，目前在我国电力系统中推广应用的是开口杯挡板式瓦斯继电器。

继电器在正常运行时，其内部充满变压器油，当变压器内部轻微故障时，变压器由于分解产生的少量气体上升并聚集在瓦斯继电器上部的气室内，迫使油面亦随之转动下降，致使上磁钢接近于一对干簧接点，动作后发出轻瓦斯故障信号。如果是严重故障，产生大量气体，同时油温升高，热油膨胀，箱体内压力剧增，形成油气流迅速冲动继电器下部挡板，致使下磁钢接近于另一对干簧接点，作用于跳闸。

变压器瓦斯保护原理接线如图 2-5 所示。

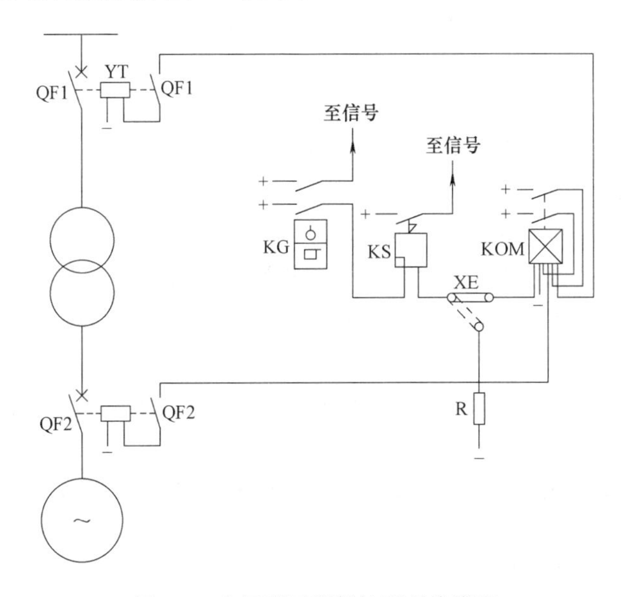

图 2-5　变压器瓦斯保护原理接线图

3. 瓦斯保护的范围

瓦斯保护的范围是变压器内部多相短路；匝间短路，匝间与铁芯或外皮短路；铁芯故障（发热烧损）；油面下降或漏油；分接开关接触不良或导线焊接不良。

瓦斯保护的优点是不仅能反映变压器油箱内部的各种故障，而且还能反映差动保护所不能反映的不严重的匝间短路和铁芯故障。此外，当变压器内部进入空气时也有所反映。因此，是灵敏度高、结构简单、动作迅速的一种保护。

其缺点是不能反映变压器外部故障（套管和引出线），因此瓦斯保护不能作为变压器各种故障的唯一保护。瓦斯保护抵抗外界干扰的性能较差。例如，剧烈的震动就容易误动作。如果在安装瓦斯继电器时未能很好地解决防油问题或瓦斯继电器不能很好地防水，就有可能漏油腐蚀电缆绝缘或继电器进水而造成误动作。

4. 瓦斯保护的防误动作

瓦斯保护是变压器的主要保护，它可以反映油箱内的一切故障。包括：油箱内的多相短路、绕组匝间短路、绕组与铁芯或与外壳间的短路、铁芯故障、油面下降或漏油、分接开关接触不良或导线焊接不良等。瓦斯保护动作迅速、灵敏可靠而且结构简单。但是它不能反映油箱外部电路（如引出线上）的故障，所以不能作为保护变压器内部故障的唯一保护装置。

油式变压器的绕组在绝缘油中，当绕组故障发生电弧时，电弧会使绝缘油产生一定的气化，油中气体从箱体往油枕流动时，经过瓦斯继电器的挡板，使瓦斯继电器接点闭合，接通报警或跳闸线圈（轻瓦斯动作是报警，重瓦斯动作是跳闸）。

同样，当变压器内电弧太大时，会使油膨胀往油枕流动，重瓦斯动作而跳闸。现在小型变压器做成了密封式，大型主变还是有油枕—瓦斯继电器的。

由于瓦斯继电器有这个功能，所以，在变压器换油或加油后，要求静止 24 小时后才能送电投运，否则，会因箱内气泡流向油枕时，使瓦斯继电器动作而跳闸（搞不清楚是真故障还是正常的气泡）。

变压器重瓦斯动作需停车检查，轻瓦斯动作要化验气体。

大型变压器一般都要定期进行油样分析（化验），根据各项分析指标可以判断变压器运行状态和潜在故障，如指标严重超标，就要进行专业性变压油过滤和必要的电气试验。

变压器重瓦斯动作需停车检查，轻瓦斯动作应该大多数是缺油，也要停，重瓦斯动作可能是有短路或接地。

瓦斯保护也易在一些外界因素（如地震）的干扰下误动作。

瓦斯保护动作，轻者发出保护动作信号，提醒维修人员马上对变压器进行处理；重者跳开变压器开关，导致变压器马上停止运行，不能保证供电的可靠性，对此提出了瓦斯保护的反事故措施：

（1）将瓦斯继电器的下浮筒改为档板式，触点改为立式，以提高重瓦斯动作的可靠性。

（2）为防止瓦斯继电器因漏水而短路，应在其端子和电缆引线端子箱上采取防雨措施。

（3）瓦斯继电器引出线应采用防油线。

（4）瓦斯继电器的引出线和电缆应分别连接在电缆引线端子箱内的端子上。

5. 几起瓦斯保护误动导致变压器跳闸情况

（1）某发电有限公司 2 号主变跳闸事故

某发电有限公司 2 号主变重瓦斯继电器上无防雨罩，在雨季潮湿天气时，导致主变重瓦斯继电器二次回路绝缘能力降低，致使主变重瓦斯继电器误动作，造成机组非停运事故。

（2）某 220kV 电站 1 号主变跳闸事故

某日，检修人员处理 1 号主变冷却器控制箱内 CJ1 接触器 C 相接头过热的缺陷时，拉开控制箱内Ⅰ、Ⅱ段联络开关 KJ，验电后，又合了一次 KJ，2～3 台冷却器同时投入，主变重瓦斯动作，1 号主变跳闸。故障后，经检查瓦斯继电器中无气体，色谱分析无异常，主变其他保护未动作，判断为非主变本体故障。检查油枕胶囊密封良好，二次回路及瓦斯继电器均无异常，瓦斯继电器流速整定值为 1.2m/s。为进一步查找原因，在现场模拟检修时，冷却器运行方式和不同组合多台冷却器的同时启动方式，进行了求证试验。结果表明：同时启动不对称 2 组及以上冷却器时，产生油流涌动，有可能造成重瓦斯保护动作。

（3）某 220kV 电站 3 号主变跳闸事故分析

其冷却器 YF120 改造更换为片式散热器 PC260026/460（4 台油泵）后，分别于某日和某日，负荷和油温下降，4 台泵同时停运，主变本体重瓦斯动作跳闸。供电公司对片式散热器主变在投运前进行了启动油泵试验，结果为：4 台泵同时启动，重瓦斯动作。

（4）某 500kV 电站 2 号主变跳闸事故分析

某日，运行人员巡视时，发现主变 C 相压力释放装置渗油。检修人员立即赶到现场，经分析，原因为本体与油枕间阀门未打开。检修人员在带电打开此阀门时，造成主变重瓦斯保护动作跳闸。

八、晶体管继电保护装置

1. 晶体管继电保护的概念

以晶体三极管及其电路为基础构成的一种继电保护装置。

与传统的机电型（或称电磁型）继电保护装置相比，晶体管继电保护装置具有动作速度快、灵敏度高、消耗功率小、体积小、重量轻、调试简单以及比较容易适应新的复杂保护技术等优点，但是也存在着抗干扰性差、元件较易损坏以及可能因制造工艺不良而引起动作不够可靠等缺点。

在电磁型继电保护装置中，继电器线圈通电后，通过衔铁带动触点接点或断开回路来启动保护；而晶体管保护装置则是采用电流电抗变压器通电后，在其二次侧形成的电位变化使晶体管导通或截止来启动保护的。

2. 晶体管继电保护装置基本单元电路的构成

同机电型继电器组成的继电保护回路一样，晶体管电路也包含有启动回路、时限回路和出口信号回路等，如图 2-6 所示。

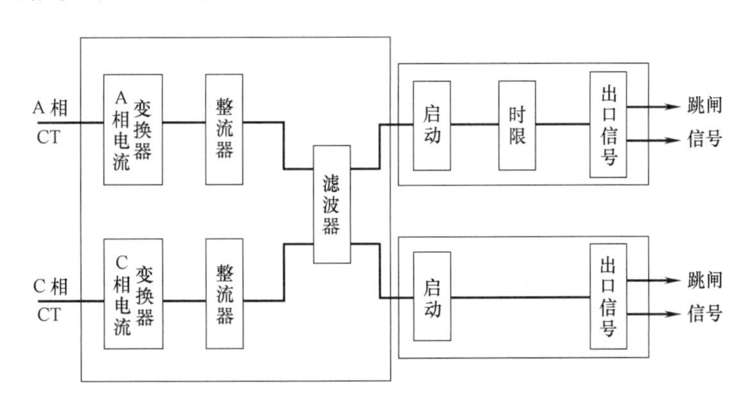

图 2-6　晶体管继电保护装置框图

3. 晶体管继电保护装置的功能

（1）电压形成回路。由于晶体管保护回路全部是弱电系统，而供电回路全是强电系统，因此在晶体管保护的启动回路以前，必须增加电压形成回路，其功能就是将来自供电线路电流互感器二次测的交流强电信号转换为晶体管保护所能接受的直流弱电信号，同时也将直流弱电系统与交流强电系统隔离。

（2）定时限过流保护逻辑回路。同机电型定时限过流保护回路一样，通过计算设定好整定值，即过电流设定值及时限设定值。当出现故障电流大于设定值，并且故障电流持续时间大于设定值后，由电压形成回路送来的信号送入启动回路，进行跳闸隔离及报警信号。

(3) 速断保护逻辑回路。一般用于不带时限回路的短路故障中，与定时限过流电流相比，只是不带限时回路及整定值大于过电流整定值。

九、接地零序保护

1. 接地零序保护的概念

当系统发生接地故障后，就有零序电流、零序电压和零序功率出现，利用这些电气量构成保护接地短路的继电保护装置统称为零序保护。

接地故障是一种短路现象，破坏了系统的平衡，会引起电器发热甚至烧毁；由于接地，会使接地点的电位抬高，使其他相的相电压变成线电压，人如果接近接地点，会造成跨步触电，是非常危险的，所以必须设置零序保护。

2. 接地零序保护的工作原理

在大短路电流接地系统中发生接地故障后，就有零序电流、零序电压和零序功率出现，利用这些电气量构成保护接地短路。

三相电流平衡时，没有零序电流，不平衡时产生零序电流，零序保护就是用零序互感器采集零序电流，当零序电流超过一定值（综合保护中设定），综合保护接触器吸合，断开电路。

零序电流互感器内穿过三根相线矢量和零线。

正常情况下，四根线的向量和为零，零序电流互感器无零序电流。

当人体触电或者其他漏电情况下，四根线的向量和不为零，零序电流互感器有零序电流，一旦达到设定值，则保护动作跳闸。

第二节　变　压　器

一、变压器简介

变压器是利用电磁感应的原理来改变交流电压的装置，主要构件是初级线圈、次级线圈和铁芯（磁芯）。主要功能有：电压变换、电流变换、阻抗变换、隔离、稳压（磁饱和变压器）等。按用途可以分为：配电变压器、电力变压器、全密封变压器、组合式变压器、干式变压器、油浸式变压器、单相变压器、电炉变压器、整流变压器等。

在电器设备和无线电路中，变压器常用作升降电压、匹配阻抗、安全隔离等。在发电机中，不管是线圈运动通过磁场或磁场运动通过固定线圈，均能在线圈中感应电势，此两种情况，磁通的值均不变，但与线圈相交链的磁通数量却有变动，这是互感应的原理。变压器就是一种利用电磁互感应，变换电压、电流和阻抗的器件。

理想变压器如图 2-7 所示。

二、变压器的组成

变压器组成部件包括器身（铁芯、绕组、绝缘、引线）、变压器油、油箱和冷却装置、调压装置、保护装置（吸湿器、安全气道、气体继电器、储油柜及测温装置等）和出线套管。

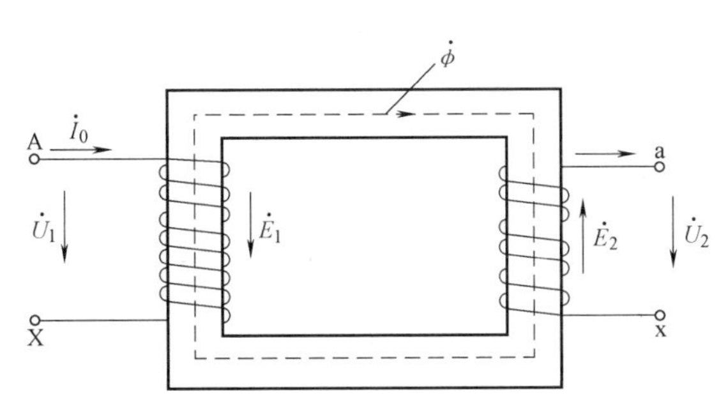

图 2-7　理想变压器图

1. 铁芯

铁芯是变压器中主要的磁路部分。铁芯材料通常由含硅量较高，厚度分别为0.35mm、0.3mm、0.27mm，由表面涂有绝缘漆的热轧或冷轧硅钢片叠装而成。

铁芯分为铁芯柱和横片两部分，铁芯柱套有绕组；横片是闭合磁路之用。

铁芯结构的基本形式有心式和壳式两种。

2. 绕组

绕组是变压器的电路部分，它是用双丝包绝缘扁线或漆包圆线绕成。

根据高、低压绕组排列方式的不同，分为同心式和交叠式两种。同心式绕组通常将低压绕组靠近铁芯柱。交叠式绕组通常将低压绕组靠近铁轭。

3. 绝缘

变压器油：绝缘和散热作用。

绝缘纸板：支撑架。

电缆纸：主要导线绝缘。

皱纹纸：包扎引线。

4. 分接开关

为了供给稳定的电压，利用在变压器某一侧绕组上设置分接，以切除或增加一部分绕组的线匝，以改变绕组的匝数，从而达到改变电压比的有级调整电压的方法。

无励磁分接开关：变压器二次不带负载，一次也与电网断开（无电源励磁）的调压。

有载调压：带负载进行变换绕组分接的调压。

5. 油箱

油箱按变压器容量的大小，其结构基本上有两种形式：

（1）吊器身式油箱

6300kVA 及以下变压器，中、小型变压器，这种变压器油箱上部箱盖可以打开，它是依靠箱沿四周许多螺栓与箱壳紧固在一起的。箱壳是用钢板焊接成的，其顶部开口，焊缝要求制造工艺做到不渗漏油，器身就放在箱壳内。由于中、小型变压器其充油后的总重量，与大型变压器相比不算太重，所以当变压器的器身需要进行检修时，可以将整个变压器带油搬运至有起重设备的场所，将箱盖打开，吊出器身，就可以进行详细的检查和必要的修理。

（2）吊壳式油箱

8000kVA 及以上变压器，随着变压器单台容量的不断增大，它的体积迅速增大，重量也随之增加。目前大型电力变压器均采用铜导线，器身重量都在200t以上，而总重量均在300t以上，运输重量也达200t以上。这样庞大和笨重的变压器，对运输和起吊器身，都带来很多困难和问题。因此，大型电力变压器箱壳都做成吊箱壳式，当器身要进行检修时，将吊出笨重的器身，改为吊出较轻的箱壳。这种箱壳其下部有可作螺栓紧固的箱沿法兰，拆去箱沿四周的紧固螺栓，吊出外面钟罩形状的箱壳，即上节油箱，器身便全部暴露在空气中了。由于此种箱壳的重量较器身轻得多，所以吊箱壳时不需要特别重型的起重设备，只要在变压器安装的现场，准备一些轻型的起吊工具即可工作。

6. 冷却装置

铁芯和线圈的热量传递给变压器油，变压器的油还需要将热量及时传到大气。

冷凝分为油浸自冷（小容量）、油浸风冷（中容量）、强迫油循环风（水）冷（大容量）。

油浸风冷：吹风可使对流散热增加8.5倍。同一台变压器，用了吹风以后，容量可提高30%以上。

强迫油循环风（水）冷：强迫油循环风冷有50000～90000kVA、220kV产品。

强迫油循环水冷：一般水力发电厂的升压变220kV及以上、60MVA及以上产品采用。

7. 储油柜

储油柜又称油枕。变压器运行时产生热量，温度升高，使变压器油膨胀，储油柜中变压器油面上升，温度低时下降。

储油柜使变压器油与空气接触面较少，减缓了变压器油的氧化过程及吸收空气中的水分的速度。

作用：就是保证油箱内总充满油，并减小油面与空气的接触面，从而减缓油的老化。

8. 安全气道（防爆管）

安全气道是后备保护。当变压器内部发生严重故障而气体继电器失灵时，油箱内部的气体便冲破防爆膜喷出，保护变压器油箱因压力过高而破裂，从而使变压器的损坏程度降到最低。

9. 吸湿器

（1）当变压器负荷下降，储油柜里油面下降，这时外界空气通过吸湿器进入储油柜。

（2）当变压器负荷增加，这时储油柜内的空气通过吸湿器排到外界。

吸湿器内装有用氯化钙或氯化钴浸渍过的硅胶的玻璃容器组成。受潮到一定程度，硅胶由蓝色变为粉红色。

10. 气体继电器

气体继电器又称瓦斯继电器。在变压器内部发生故障（如绝缘击穿、匝间短路、铁芯事故等）产生气体或油箱漏油等使油面降低时，接通信号或跳闸回路，保护变压器。

其原理：

（1）故障越严重，气体的量越大，这些气体产生后从变压器内部上升到上部的油枕的过程中，流经瓦斯继电器。

（2）若气体量较少，则气体在瓦斯继电器内聚积，使浮子下降，使继电器的常开接点闭合，作用于轻瓦斯保护发出警告信号。

(3）若气体量很大，油气通过瓦斯继电器快速冲出，推动瓦斯继电器内挡扳动作，使另一组常开接点闭合，重瓦斯则直接启动继电保护跳闸，断开断路器，切除故障变压器。

保护方式：

(1）当流速超过气体继电器的鉴定值时，气体继电器的挡板受到冲击，使断路器跳闸，从而避免事故扩大，这种情况通常称之为重瓦斯保护动作。

(2）当气体沿油面上升，聚集在气体继电器内超过 30mL 时，也可以使气体继电器的信号接点接通，发出警报，通常称之为轻瓦斯保护动作。

11. 高、低压绝缘套管

高、低压绝缘套管是将变压器内部的高、低压引线经绝缘套管引到油箱外部，起固定引线和对地绝缘的作用。是由带电部分和对地绝缘部分组成。

油浸式变压器组成如图 2-8 所示。

三、变压器的型号及技术参数

变压器的型号通常由表示相数、冷却方式、调压方式、绕组线芯等材料的符号，以及变压器容量、额定电压、绕组连接方式组成。

下列是电力变压器型号代号含义：

D—单相；S—三相；J—油浸自冷；L—绕组为铝线；Z—有载调压；SC—三相环氧树脂浇注；SG—三相干式自冷；JMB—局部照明变压器；YD—试验用单相变压器；BF（C）—控制变压器（C 为 C 型铁芯结构）；DDG—单相干式低压大电流变压器。

注：电力变压器后面的数字部分：斜线左边表示额定容量（千伏安）；斜线右边表示一次侧额定电压（千伏）。

例 1：SJL-1000/10，为三相油浸自冷式铝线、双线圈电力变压器，额定容量为 1000kVA、高压侧额定电压为 10kV。

电力变压器的型号表示方法：基本型号＋设计序号－额定容量（kVA)/高压侧电压。

例 2：S7-315/10 变压器

即三相（S）铜芯 10kV 变压器，容量 315kVA，设计序号 7 为节能型。

例 3：scr9-500/10，s11-m-100/10

S—三相；C—浇注成型（干式变压器）；r—缠绕型；9（11）—设计序号；500（100)—容量（kVA)；10—额定电压（kV)；m—密闭。

例 4：SFPZ9-120000/110

指的是三相（双绕组变压器省略绕组数，如果是三绕则前面还有个 S）双绕组强迫油循环风冷有载调压，设计序号为 9，容量为 120000kVA，高压侧额定电压为 110kV 的变压器。

例 5：SCB9-2000/10

SC—三相固体成型（环氧浇注）；B—低压箔式线圈；9—性能水平代号；2000—额定容量；10—额定高压电压。

四、变压器的分类

一般常用变压器的分类可归纳如下：

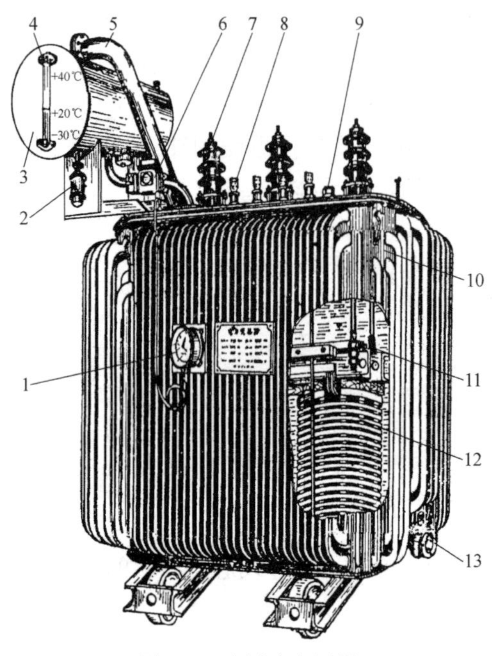

图 2-8　油浸式变压器

1—信号式温度计；2—吸湿器；3—储油柜；4—油位计；5—安全气道；6—气体继电器；7—高压套管；8—低压套管；9—分接开关；10—油箱；11—铁芯；12—线圈；13—放油阀门

1. 按相数分

（1）单相变压器：用于单相负荷和三相变压器组。

（2）三相变压器：用于三相系统的升、降电压。

2. 按冷却方式分

（1）干式变压器：依靠空气对流进行自然冷却或增加风机冷却，多用于高层建筑、高速收费站点用电及局部照明、电子线路等小容量变压器。

（2）油浸式变压器：依靠油作冷却介质，如油浸自冷、油浸风冷、油浸水冷、强迫油循环等。

3. 按用途分

（1）电力变压器：用于输配电系统的升、降电压。

（2）仪用变压器：如电压互感器、电流互感器，用于测量仪表和继电保护装置。

（3）试验变压器：能产生高压，对电气设备进行高压试验。

（4）特种变压器：如电炉变压器、整流变压器、调整变压器、电容式变压器、移相变压器等。

4. 按绕组形式分

（1）双绕组变压器：用于连接电力系统中的两个电压等级。

（2）三绕组变压器：一般用于电力系统区域变电站中，连接三个电压等级。

（3）自耦变电器：用于连接不同电压的电力系统。也可作为普通的升压或降后变压器用。

5. 按铁芯形式分

（1）心式变压器：用于高压的电力变压器。

（2）非晶合金变压器：非晶合金铁芯变压器是用新型导磁材料，空载电流下降约80%，是目前节能效果较理想的配电变压器，特别适用于农村电网和发展中地区等负载率较低的地方。

（3）壳式变压器：用于大电流的特殊变压器，如电炉变压器、电焊变压器；或用于电子仪器及电视、收音机等的电源变压器。

五、变压器的工作原理

变压器是变换交流电压、交变电流和阻抗的器件，当初级线圈中通有交流电流时，铁芯（或磁芯）中便产生交流磁通，使次级线圈中感应出电压（或电流）。

变压器由铁芯（或磁芯）和线圈组成，线圈有两个或两个以上的绕组，其中接电源的绕组叫初级线圈，其余的绕组叫次级线圈。

六、变压器的并列运行

将两台或多台变压器的一次侧和二次侧绕组分别接于公共母线上，同时向负载供电。

其优点是：提高了供电的可靠性，提高了运行效率，减少了备用容量。

理想的并列条件：

（1）变压器的联结组别标号相同。

（2）变压器的电压比相等（允许有±5%的差值）。

（3）变压器的阻抗电压百分数相等（允许有±10%的差值）。

七、变压器的干燥处理

1. 感应加热法

这种方法是将器身放在油箱内，外绕组线圈通以工频电流，利用油箱壁中涡流损耗的发热来干燥。此时箱壁的温度不应超过 115～120℃，器身温度不应超过 90～95℃。为了缠绕线圈的方便，尽可能使线圈的匝数少些或电流小些，一般电流选 150A，导线可用 35～50mm^2 的导线。油箱壁上可垫石棉条多根，导线绕在石棉条上。

2. 热风干燥法

这种方法是将器身放在干燥室内通热风进行干燥。进口热风温度应逐渐上升，最高温度不应超过 95℃，在热风进口处应装设过滤器以防止火星和灰尘进入。热风不要直接吹向器身，尽可能从器身下面均匀地吹向各个方向，使潮气由箱盖通气孔放出。

八、变压器的吊芯检查

1. 吊芯环境的选择

（1）变压器吊芯检查场地周围的环境应清洁，为防止天气的骤变，可搭设防风防雨帆布棚。变压器周围应搭设便于检查、高度适宜的脚手架（上铺跳板）。

（2）抽芯要选择晴朗、干燥的无风天气进行。周围环境温度不低于 0℃，器身温度不得低于环境温度，否则易将器身加热至高于环境温度 10℃。

（3）在空气湿度为 75%时，器身的露空时间不超过 16 小时。时间计算应在开始放油时开始。空气湿度或露空时间超过规定时，必须采取相应的可靠措施。

2. 准备工作

（1）抽芯检查前，电调应作绝缘电阻、直流电阻、变比、组别等相应实验。

（2）瓦斯继电器应校验合格。绝缘油（补充油和箱体内油）应化验，耐压合格。

（3）分体运输的变压器附件（如油枕、散热器等）应清洗、打压合格，密封备装。

（4）松螺栓前应测量箱体的间距，做好记录，抽芯后应按此间距或略小于此间距进行压紧密封。

3. 放油

以干净的耐油管放油至干净的油筒，放油的油面应低于油箱上沿、密封圈以下。放油时应打开上部的进气孔，以防抽真空。

4. 整体吊装

（1）吊索应挂于箱盖的四个专用吊耳上，长短一致，其吊索与垂线的夹角应小于30°，也即吊索的夹角≯60°。

（2）先以吊车（视情况可改变吊车的大小）将器身整体吊起，找正后放下，油箱应找平放置，以免抽芯时器身碰油箱壁。再在吊钩上悬挂捯链，用以起吊芯子。捯链的安全载荷系数为2（新捯链）。

5. 卸箱盖螺栓和吊芯

拆卸箱盖四周的固定螺栓，并交专人保管。松卸螺栓应循序渐进，开始每个螺栓少松两扣，不要一气松脱，可采取推磨式松螺栓法。在四角的螺栓孔中各插入一根1.5～2m长ϕ16圆钢，由专人负责用以控制器身的找正。

缓慢起吊芯子，以四角的圆钢找正，避免碰撞。当芯子高于箱口后，以塑料布蒙住油箱，以两根清洁并包以塑料布的8号槽钢或道木垫入芯子下部，并放置其上。此时吊芯的钢丝绳仍受力。

6. 器身的检查和记录

（1）所有的螺栓应紧固，并有防松措施，绝缘螺栓应完好无损，防松绑扎完好。

（2）铁芯检查：

1）铁芯应无变形，铁轭与夹件之间的绝缘垫应良好。

2）铁芯应无多点接地。

3）打开铁芯的接地线，以2500V摇表检查绝缘情况，注明耐压时间，铁芯及穿钉绝缘良好。

（3）绕组检查：

1）绕组的绝缘层应完整无损，无变位现象。

2）各绕组排列整齐，间隙均匀，油路畅通。

3）绕组的压钉应紧固，防松螺钉应锁紧。

4）绝缘围屏绑扎牢固，围屏上的所有线圈引出处的封闭应良好。

5）引出线绝缘包扎应牢固，无破损、扭曲现象，引出线绝缘距离应合格，固定牢靠，其固定支架应紧固；引出线的裸露部分应焊接良好，应无尖角和毛刺；引出线与套管的连接应牢靠，接线正确。套管应完好无损。

（4）调压装置的检查：

1）调压装置与线圈的连接应紧固，接线正确。

2）调压装置的触头应清洁，接触紧密，弹性良好。所有接触到的地方，用0.05mm×10mm的塞尺检查，应塞不进去，引线接触良好。

3）调压装置完好无损。转动盘应动作灵活，位置正确，指示器密封良好。

4）绝缘屏障应完好，固定牢固，无松动现象。

5）清扫各部位油泥、水滴和金属末等杂物。

7. 器身复原

（1）使用干净的变压器油冲洗，器身检查完毕后，应检查油箱内有无落物，若有，应进行打捞。器身检查时有无遗漏物品。

（2）拉紧捯链，抽出8号槽钢或道木，用干净的布擦净油箱上沿密封圈，然后放入密封圈，缓慢放回芯子，并以ϕ16圆钢定位。按原测量的间距逐步上紧箱盖的固定螺栓及附件。

（3）检查各绕组的绝缘情况，无异常可注油至规定油位，并在瓦斯继电器等处放气。

（4）清点工具，按登记数量收回，清理现场。

（5）以0.03MPa的油压或气压检查密封情况，24小时应无渗漏现象。（整体运输的变压器除外）

8. 安全技术措施

（1）现场应准备灭火器和消防器材，20m以内严禁烟火。

（2）检查器身时所用的器具应有防止坠落的措施，如扳手上应以白布带套在手上，防止滑落。

（3）起吊用的捯链、钢丝绳等应预先检查良好。绳扣应挂于变压器专用吊耳上，夹角合适。

（4）供器身检查用的脚手架应绑扎牢靠，跳板固定，上下方便，四周应有防坠落的栏杆及上下的防滑装置。非检查人员不得登上脚手架，以防超载。

（5）器身检查时，工作人员应着干净的工作服、手套及耐油胶靴。口袋中禁放物品，以防掉入油箱中，做好每一项检查记录。

（6）检查应小心、仔细地认真进行，避免用力过大而拧断螺栓、碰伤绝缘或碰坏瓷瓶等现象。

（7）器身检查时所用的工具、材料及拆卸下的器件物品注册登记，以供工作结束时查对。

（8）起吊过程中严禁手在箱盖与箱盖之间作频繁的不必要的活动。

九、变压器的常见故障

变压器的渗漏是变压器故障的常见问题，特别是一些运行年限已久的变压器更为普遍，轻者污染设备外表影响美观，重者威胁设备安全运行甚至人员生命，变压器的渗漏包括进出空气（正常经吸湿器进入的空气除外）和渗漏油。

1. 变压器的渗漏原因

造成渗漏的原因主要有两个方面：一方面是在变压器设计及制造工艺过程中潜伏下来的；另一方面是由于变压器的安装和维护不当引起的。变压器主要渗漏部位经常出现在散热器接口、平面碟阀帽子、套管、瓷瓶、焊缝、砂眼、法兰等部位。

（1）进出空气

进出空气是一种看不见的渗漏形式。例如，套管头部、储油柜的隔膜、安全气道的玻璃、焊缝砂眼以及钢材夹砂等部位的进出空气都是看不见的。多年来，电力系统的主要恶性事故大多是绕组的烧伤事故和因变压器低压出口短路对器身的严重损坏。

（2）渗漏油的分类

变压器的渗漏油可分为内漏和外漏两种，而外漏又可分为焊缝渗漏和密封面渗漏两种。

1）内漏：内漏最普遍的就是充油套管中的油以及有载调压装置切换开关油室的油向变压器本体渗漏。

2）外漏：外漏分为焊缝渗漏和密封面渗漏两种：

焊缝渗漏：焊缝渗漏是由于钢板焊接部位存在砂眼所造成的。

密封面渗漏：密封面渗漏情况比较复杂，要具体问题具体分析。在变压器大修或安装过程中应把防止密封面渗漏作为一项重要工作。

2. 故障分析解决方案

（1）焊接处渗漏油

主要是焊接质量不良，存在虚焊、脱焊，焊缝中存在针孔、砂眼等缺陷，变压器出厂时因有焊药和油漆覆盖，运行后隐患便暴露出来，另外由于电磁振动会使焊接振裂，造成渗漏。对于已经出现渗漏现象的，首先找出渗漏点，不可遗漏。针对渗漏严重部位可采用扁铲或尖冲子等金属工具将渗漏点铆死，控制渗漏量后将污染表面清理干净，目前多采用高分子复合材料进行固化，固化后即可达到长期治理渗漏的目的。

（2）密封件渗漏油

密封不良原因，通常箱沿与箱盖的密封是采用耐油橡胶棒或橡胶垫密封的，如果其接头处处理不好会造成渗漏油故障，有的是用塑料带绑扎，有的直接将两个端头压在一起，由于安装时滚动，接口不能被压牢，起不到密封作用，仍会渗漏油。可用福世蓝材料进行粘接，使接头形成整体，渗漏油现象得到很大的控制；若操作方便，也可以同时将金属壳体进行粘结，达到渗漏治理目的。

（3）法兰连接处渗漏油

法兰表面不平，紧固螺栓松动，安装工艺不正确，使螺栓紧固不好，而造成渗漏油。先将松动的螺栓进行紧固后，对法兰实施密封处理，并针对可能渗漏的螺栓也进行处理，达到完全治理目的。对松动的螺栓进行紧固，必须严格按照操作工艺进行操作。

（4）铸铁件渗漏油

渗漏油主要原因是铸铁件有砂眼及裂纹所致。针对裂纹渗漏，钻止裂孔是消除应力避免延伸的最佳方法。治理时可根据裂纹的情况，在漏点上打入铅丝或用手锤铆死。然后用丙酮将渗漏点清洗干净，用材料进行密封。铸造砂眼可直接用材料进行密封。

（5）螺栓或管子螺纹渗漏油

出厂时加工粗糙，密封不良，变压器密封一段时间后便产生渗漏油故障。采用高分子材料将螺栓进行密封处理，达到治理渗漏的目的。另一种办法是将螺栓（螺母）旋出，表面涂抹福世蓝脱模剂后，再在表面涂抹材料后进行紧固，固化后即可达到治理目的。

（6）散热器渗漏油

散热器的散热管通常是用有缝钢管压扁后经冲压制成，在散热管弯曲部分和焊接部分常产生渗漏油，这是因为冲压散热管时，管的外壁受张力，其内壁受压力，存在残余应力所致。将散热器上下平板阀门（蝶阀）关闭，使散热器中油与箱体内油隔断，降低压力及渗漏量。确定渗漏部位后进行适当的表面处理，然后采用福世蓝材料进行密封治理。

（7）瓷瓶及玻璃油标渗漏油

通常是因为安装不当或密封失效所制。高分子复合材料可以很好地将金属、陶瓷、玻璃等材质进行粘结，从而达到渗漏油的根本治理。

十、变压器的检查保养

1. 日常巡视

每天应至少一次，夜间巡视每周应至少一次。

2. 下列情况应增加巡视检查次数

（1）首次投运或检修、改造后投运 72h 内。

（2）气象突变（如雷雨、大风、大雾、大雪、冰雹、寒潮等）时。

（3）高温季节、高峰负载期间。

（4）变压器过载运行时。

3. 变压器日常巡视检查内容

（1）油温应正常，应无渗油、漏油，储油柜油位应与温度相对应。

（2）套管油位应正常，套管外部应无破损裂纹、无严重油污、无放电痕迹及其他异常现象。

（3）变压器声响应正常。

（4）散热器各部位手感温度应相近，散热附件工作应正常。

（5）吸湿器应完好，吸附剂应干燥。

（6）引线接头、电缆、母线应无发热迹象。

（7）压力释放器、安全气道及防爆膜应完好无损。

（8）分接开关的分接位置及电源指示应正常。

（9）气体继电器内应无气体。

（10）各控制箱和二次端子箱应关严，无受潮。

（11）干式变压器的外表应无积污。

（12）变压器室不漏水，门、窗、照明应完好，通风良好，温度正常。

（13）变压器外壳及各部件应保持清洁。

4. 变压器的运行维护

（1）防止变压器过载运行：如果长期过载运行，会引起线圈发热，使绝缘逐渐老化，造成匝间短路、相间短路或对地短路及油的分解。

（2）保证绝缘油质量：变压器绝缘油在贮存、运输或运行维护中，若油质量差或杂质、水分过多，会降低绝缘强度。当绝缘强度降低到一定值时，变压器就会短路而引起电火花、电弧或出现危险温度。因此，运行中变压器应定期化验油质，不合格的油应及时更换。

（3）防止变压器铁芯绝缘老化损坏：铁芯绝缘老化或夹紧螺栓套管损坏，会使铁芯产生很大的涡流，引起铁芯长期发热造成绝缘老化。

（4）防止检修不慎破坏绝缘：变压器检修吊芯时，应注意保护线圈或绝缘套管，如果发现有擦破损伤，应及时处理。

（5）保证导线接触良好：线圈内部接头接触不良，线圈之间的连接点、引至高、低压侧套管的接点，以及分接开关上各支点接触不良，会产生局部过热，破坏绝缘，发生短路或断路。此时所产生的高温电弧会使绝缘油分解，产生大量气体，变压器内压力增加。当压力超过瓦斯断电器保护定值而不跳闸时，会发生爆炸。

（6）防止电击：电力变压器的电源一般通过架空线而来，而架空线很容易遭受雷击，变压器会因击穿绝缘而烧毁。

（7）短路保护要可靠：变压器线圈或负载发生短路，变压器将承受相当大的短路电流，如果保护系统失灵或保护定值过大，就有可能烧毁变压器。为此，必须安装可靠的短路保护装置。

（8）保持良好的接地：对于采用保护接零的低压系统，变压器低压侧中性点要直接接地，当三相负载不平衡时，零线上会出现电流。当这一电流过大而接触电阻又较大时，接地点就会出现高温，引燃周围的可燃物质。

（9）防止超温：变压器运行时应监视温度的变化。如果变压器线圈导线是A级绝缘，其绝缘体以纸和棉纱为主，温度的高低对绝缘和使用寿命的影响很大，温度每升高8℃，绝缘寿命要减少50%左右。变压器在正常温度（90℃）下运行，寿命约20年；若温度升至105℃，则寿命为7年；温度升至120℃，寿命仅为两年。所以变压器运行时，一定要保持良好的通风和冷却，必要时可采取强制通风，以达到降低变压器温升的目的。

5. 变压器的日常保养

（1）允许温度：变压器运行时，它的线圈和铁芯产生铜损和铁损，这些损耗变为热能，使变压器的铁芯和线圈温度上升。若温度长时间超过允许值，会使绝缘渐渐失去机械弹性而使绝缘老化。

变压器运行时各部分的温度是不相同的，线圈的温度最高，其次是铁芯的温度，绝缘油温度低于线圈和铁芯的温度。变压器的上部油温高于下部油温。变压器运行中的允许温度按上层油温来检查。对于A级绝缘的变压器在正常运行中，当周围空气温度最高为40℃时，变压器绕组的极限工作温度是105℃。由于绕组的温度比油温度高10℃，为防止油质劣化，规定变压器上层油温最高不超过95℃，而在正常情况下，为防止绝缘油过速氧化，上层油温不应超过85℃。对于采用强迫油循环水冷却和风冷的变压器，上层油温不宜经常超过75℃。

（2）允许温升：只监视变压器运行中的上层油温，还不能保证变压器的安全运行，还必须监视上层油温与冷却空气的温差，即温升。变压器温度与周围空气温度的差值，称为变压器的温升。对A级绝缘的变压器，当周围最高温度为40℃时，国家标准规定绕组的温升65℃，上层油温的允许温升为55℃。只要变压器温升不超过规定值，就能保证变压器在额定负荷下规定的运行年限内安全运行。（变压器在正常运行时带额定负荷可连续运行20年）

（3）合理容量：在正常运行时，应使变压器承受的用电负荷在变压器额定容量的75%～90%左右。

（4）变压器低压最大不平衡电流不得超过额定值的25%；变压器电源电压变化允许范围为额定电压的－5%～5%。

如果超过这一范围应采用分接开关进行调整，使电压达到规定范围。通常是改变一次绕组分接抽头的位置实现调压的，连接及切换分接抽头位置的装置叫分接开关，它是通过改变变压器高压绕组的匝数来调整变比的。电压低对变压器本身无影响，只降低一些出力，但对用电设备有影响；电压增高，磁通增加，铁芯饱和，铁芯损耗增加，变压器温度升高。

（5）过负荷：过负荷分正常过负荷和事故过负荷两种情况。正常过负荷是在正常供电情况下，用户用电量增加而引起的。它将使变压器温度升高，导致变压器绝缘加速老化，使用寿命降低，因此，一般情况下不允许过负荷运行。特殊情况变压器可在短时间内过负荷运行，但在冬季不得超过额定负荷30%，夏季不得超过额定负荷的15%。此外，应根据变压器的温升与制造厂规定来确定变压器的过负荷能力。

当电力系统或用户变电站发生事故时，为保证对重要设备的连续供电，故允许变压器短时间过负荷运行，即事故过负荷。事故过负荷时会引起线圈温度超过允许值，因此对绝缘来讲比正常条件老化要快。但事故过负荷的机会少，在一般情况下变压器又是欠负荷运行，所以短时的过负荷不至于损坏变压器的绝缘。事故过负荷的时间及倍数应根据制造厂规定执行。

第三节　电　动　机

一、电动机简介

1. 电动机的概念

应用电磁感应原理运行的旋转电磁机械。用于实现电能向机械能的转换，运行时从电系统吸收电功率，向机械系统输出机械功率。

2. 电动机的原理

电动机是把电能转换成机械能的一种设备。它是利用通电线圈（也就是定子绕组）产生旋转磁场并作用于转子鼠笼式闭合铝框形成磁电动力旋转扭矩。电动机按使用电源不同，分为直流电动机和交流电动机，电力系统中的电动机大部分是交流电机，可以是同步电机或者是异步电机（电机定子磁场转速与转子旋转转速不保持同步速度）。电动机主要由定子与转子组成，通电导线在磁场中受力运动的方向跟电流方向和磁感线（磁场方向）方向有关。电动机工作原理是磁场对电流受力的作用，使电动机转动。

3. 电动机的分类

（1）按工作电源分类

根据电动机工作电源的不同，可分为直流电动机和交流电动机。其中交流电动机还分为单相电动机和三相电动机。

（2）按结构及工作原理分类

电动机按结构及工作原理可分为直流电动机、异步电动机和同步电动机。

同步电动机还可分为永磁同步电动机、磁阻同步电动机和磁滞同步电动机。

异步电动机可分为感应电动机和交流换向器电动机。感应电动机又分为三相异步电动机、单相异步电动机和罩极异步电动机等。交流换向器电动机又分为单相串励电动机、交直流两用电动机和推斥电动机。

直流电动机按结构及工作原理可分为无刷直流电动机和有刷直流电动机。有刷直流电动机可分为永磁直流电动机和电磁直流电动机。电磁直流电动机又分为串励直流电动机、并励直流电动机、他励直流电动机和复励直流电动机。永磁直流电动机又分为稀土永磁直流电动机、铁氧体永磁直流电动机和铝镍钴永磁直流电动机。

（3）按起动与运行方式分类

电动机按起动与运行方式可分为电容起动式单相异步电动机、电容运转式单相异步电动机、电容起动运转式单相异步电动机和分相式单相异步电动机。

（4）按用途分类

电动机按用途可分为驱动用电动机和控制用电动机。

驱动用电动机又分为电动工具（包括钻孔、抛光、磨光、开槽、切割、扩孔等工具）用电动机、家电（包括洗衣机、电风扇、电冰箱、空调器、录音机、录像机、影碟机、吸尘器、照相机、电吹风、电动剃须刀等）用电动机及其他通用小型机械设备（包括各种小型机床、小型机械、医疗器械、电子仪器等）用电动机。

4. 电动机的型号及参数

（1）电动机的型号

电动机型号是便于使用、设计、制造等部门进行业务联系和简化技术文件中产品名称、规格、形式等叙述而引用的一种代号。

产品代号是由电动机类型代号、特点代号和设计序号三个小节顺序组成。

1）电动机类型代号用：Y——表示异步电动机；T——表示同步电动机；

2）电动机特点代号表征电动机的性能、结构或用途而采用的汉语拼音字母。如防爆类型的字母 EXE（增安型）、EXB（隔爆型）、EXP（正压型）等。

3）设计序号是用中心高、铁芯外径、机座号、凸缘代号、机座长度、铁芯长度、功率、转速或级数等表示。

例 1：Y2-16M1-8 电动机。

Y：机型，表示异步电动机；

2：设计序号，“2”表示第一次基础上改进设计的产品；

160：中心高，是轴中心到机座平面高度；

M1：机座长度规格，M 是中型，其中脚注“2”是 M 型铁芯的第二种规格，而“2”型比“1”型铁芯长；

8：极数，“8”是指 8 极电动机。

例 2：Y630-10/1180 电动机

Y 表示异步电动机；

630 表示功率 630kW；

10 极、定子铁芯外径 1180mm；

机座长度的字母代号采用国际通用符号表示；S 是短机座型，M 是中机座型，L 是长机座型。

铁芯长度的字母代号用数字 1、2、3、……依次表示。

（2）铭牌参数

电动机铭牌参数示意如图 2-9 所示。

型号：表示电动机的系列品种、性能、防护结构形式、转子类型等产品代号。

功率：表示额定运行时电动机轴上输出的额定机械功率，单位 kW 或 HP，1HP=0.736kW。

电压：直接到定子绕组上的线电压（V），电机有 Y 形和△形两种接法，其接法应与电机铭牌规定的接法相符，以保证与额定电压相适应。

电流：电动机在额定电压和额定频率下，并输出额定功率时定子绕组的三相线电流。

频率：指电动机所接交流电源的频率，中国规定为 50Hz±1Hz。

转速：电动机在额定电压、额定频率、额定负载下，电动机每分钟的转速（r/min）；2 极电机的同步转速为 2880/min。

工作定额：指电动机运行的持续时间。
绝缘等级：电动机绝缘材料的等级，决定电机的允许温升。
标准编号：表示设计电机的技术文件依据。
励磁电压：指同步电机在额定工作时的励磁电压（V）。
励磁电流：指同步电机在额定工作时的励磁电流（A）。

三相异步电动机					
型号	Y160L-4	功率	15kW	频率	50Hz
电压	380V	电流	30.3A	接法	△
转速	1440r/min	温升	80℃	绝缘等级	B
工作方式	连续	重量	45kg		
		年　月　日	编号	××电机厂	

图 2-9　电动机铭牌参数

二、直流电动机

1. 直流电动机简介

将直流电能转换为机械能的转动装置。电动机定子提供磁场，直流电源向转子的绕组提供电流，换向器使转子电流与磁场产生的转矩保持方向不变。

直流电动机的励磁方式是指对励磁绕组如何供电、产生励磁磁通势而建立主磁场的问题。

直流电动机模型如图 2-10 所示。

电流流动。当线圈在两个磁极间转动时，在转动的前半圈电流沿着电线流动。

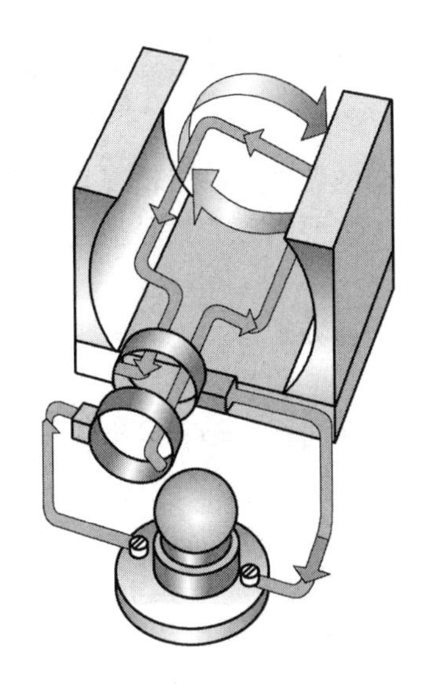

图 2-10　直流电动机模型

2. 直流电动机类型

根据励磁方式的不同，直流电机可分为下列几种类型：

（1）他励直流电机

励磁绕组与电枢绕组无连接关系，而由其他直流电源对励磁绕组供电的直流电机称为他励直流电机，接线如图 2-11（*a*）所示。永磁直流电机也可看作他励直流电机。

（2）并励直流电机

并励直流电机的励磁绕组与电枢绕组相并联，接线如图 2-11（*b*）所示。作为并励发电机来说，是电机本身发出来的端电压为励磁绕组供电；作为并励电动机来说，励磁绕组与电枢共用同一电源，从性能上讲与他励直流电动机相同。

（3）串励直流电机

串励直流电机的励磁绕组与电枢绕组串联后，再接于直流电源，接线如图 2-11（*c*）所示。这种直流电机的励磁电流就是电枢电流。

（4）复励直流电机

复励直流电机有并励和串励两个励磁绕组，接线如图 2-11（*d*）所示。若串励绕组产生的磁通势与并励绕组产生的磁通势方向相同称为积复励。若两个磁通势方向相反，则称为差复励。

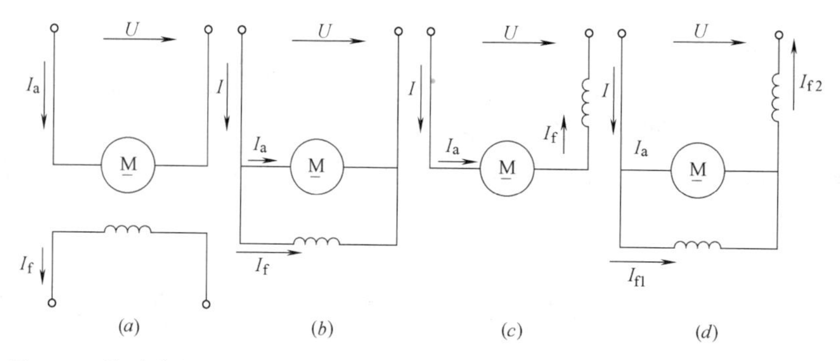

图 2-11　他励直流电机、并励直流电机、串励直流电机、复励直流电机接线图

注：图中 M 表示电动机，若为发电机，则用 G 表示。

不同励磁方式的直流电机有着不同的特性。一般情况直流电动机的主要励磁方式是并励式、串励式和复励式，直流发电机的主要励磁方式是他励式、并励式和和复励式。

3. 直流电动机构造

直流电动机组成分为两部分：定子与转子。

定子包括：主磁极、机座、换向极、电刷装置等。

转子包括：电枢铁芯、电枢绕组、换向器、轴和风扇等。

4. 直流电动机原理

直流电机一般为有刷直流电机，有刷直流电动机由定子和转子两大部分组成，定子上有磁极（绕组式或永磁式），转子有绕组，通电后，转子上也形成磁场（磁极），定子和转子的磁极之间有一个夹角，在定转子磁场（N 极和 S 极之间）的相互吸引下，使电动机旋转。改变电刷的位子，就可以改变定转子磁极夹角（假设以定子的磁极为夹角起始边，转子的磁极为另一边，由转子的磁极指向定子的磁极的方向就是电动机的旋转方向）的方向，从而改变电动机的旋转方向，如图 2-12 所示。

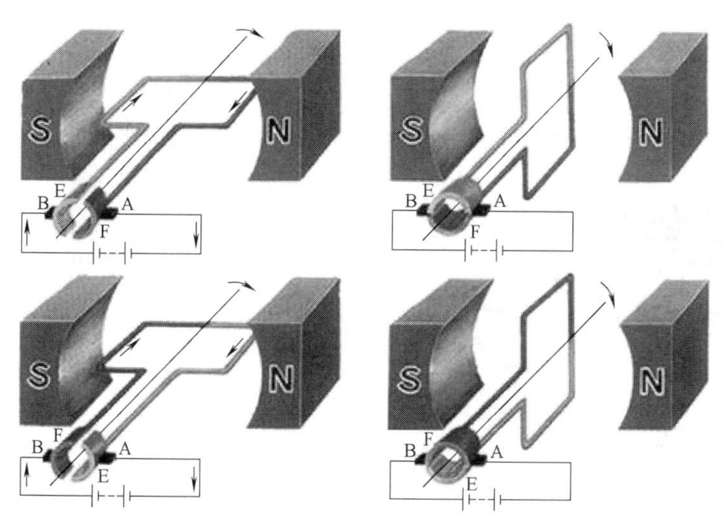

图 2-12　直流电动机工作原理

5. 直流电动机特点

（1）调速性能好。所谓“调速性能”，是指电动机在一定负载的条件下，根据需要，人为地改变电动机的转速。直流电动机可以在重负载条件下，实现均匀、平滑的无级调速，而且调速范围较宽。

（2）起动力矩大。可以均匀而经济地实现转速调节。因此，凡是在重负载下起动或要求均匀调节转速的机械，例如大型可逆轧钢机、卷扬机、电力机车、电车等，都用直流电动机拖动。

6. 直流电动机励磁方式

直流电动机的性能与它的励磁方式密切相关，通常直流电动机的励磁方式有 4 种：直流他励电动机、直流并励电动机、直流串励电动机和直流复励电动机。

（1）直流他励电动机：励磁绕组与电枢没有电的联系，励磁电路是由另外直流电源供给的。因此励磁电流不受电枢端电压或电枢电流的影响。

（2）直流并励电动机：电路并联，分压，并励绕组两端电压就是电枢两端电压，但是励磁绕组用细导线绕成，其匝数很多，因此具有较大的电阻，使得通过它的励磁电流较小。

（3）直流串励电动机：电流串联，分流，励磁绕组是和电枢串联的，所以这种电动机内磁场随着电枢电流的改变有显著的变化。为了使励磁绕组中不致引起大的损耗和电压降，励磁绕组的电阻越小越好，所以直流串励电动机通常用较粗的导线绕成，它的匝数较少。

（4）直流复励电动机：电动机的磁通由两个绕组内的励磁电流产生。

三、同步电动机

1. 同步电动机简介

由直流供电的励磁磁场与电枢的旋转磁场相互作用而产生转矩，以同步转速旋转的交流电动机。

同步电动机是属于交流电动机，定子绕组与异步电动机相同。它的转子旋转速度与定子绕组所产生的旋转磁场的速度是一样的，所以称为同步电动机。正由于这样，同步电动机的电流在相位上是超前于电压的，即同步电动机是一个容性负载。为此，在很多时候，同步电动机是用以改进供电系统的功率因数的。同步电动机模型如图 2-13 所示。

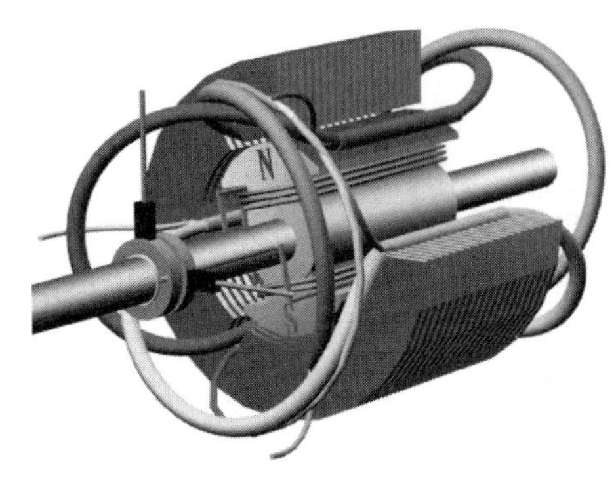

图 2-13　同步电动机模型

2. 同步电动机构造

（1）定子（电枢）

定子铁芯：硅钢片叠成。

电枢绕组：三相对称绕组—铜线制成。

机座：钢板焊接而成，有足够的强度和刚度。

（2）转子

转子铁芯：采用整块的含铬、镍和钼的合金钢锻成。

励磁绕组：铜线制成。

护环：保护励磁绕组受离心力时不甩出。

中心环：支持护环，阻止励磁绕组轴向移动。

滑环：引励磁电流经电刷、滑环进入励磁绕组。

3. 同步电动机类型

同步电动机在结构上大致有两种：

（1）转子用直流电进行励磁

它的转子做成显极式的，安装在磁极铁芯上面的磁场线圈是相互串联的，接成具有交替相反的极性，并有两根引线连接到装在轴上的两只滑环上面。磁场线圈是由一只小型直流发电机或蓄电池来激励，在大多数同步电动机中，直流发电机是装在电动机轴上的，用以供应转子磁极线圈的励磁电流。

由于这种同步电动机不能自动启动，所以在转子上还装有鼠笼式绕组而作为电动机启动之用。鼠笼绕组放在转子的周围，结构与异步电动机相似。

当在定子绕组通上三相交流电源时，电动机内就产生了一个旋转磁场，鼠笼绕组切割磁力线而产生感应电流，从而使电动机旋转起来。电动机旋转之后，其速度慢慢增高到稍低于旋转磁场的转速，此时转子磁场线圈经由直流电来激励，使转子上面形成一定的磁极，这些磁极就企图跟踪定子上的旋转磁极，这样就增加电动机转子的速率直至与旋转磁场同步旋转为止。

（2）转子不需要励磁的同步电机

转子不励磁的同步电动机能够运用于单相电源上，也能运用于多相电源上。这种电动机中，有一种的定子绕组与分相电动机或多相电动机的定子相似，同时有一个鼠笼转子，而转子的表面切成平面。所以是属于显极转子，转子磁极是由一种磁化钢做成的，而且能够经常保持磁性。鼠笼绕组是用来产生启动转矩的，而当电动机旋转到一定的转速时，转子显极就跟住定子线圈的电流频率而达到同步。显极的极性是由定子感应出来的，因此它的数目应和定子上极数相等，当电动机转到它应有的速度时，鼠笼绕组就失去了作用，维持旋转是靠着转子与磁极跟住定子磁极，使之同步。

4. 同步电动机特点

作电动机运行的同步电机。由于同步电机可以通过调节励磁电流使它在超前功率因数下运行，有利于改善电网的功率因数，因此，大型设备，如大型鼓风机、水泵、球磨机、压缩机、轧钢机等，常用同步电动机驱动。低速的大型设备采用同步电动机时，这一优点尤为突出。此外，同步电动机的转速完全决定于电源频率。频率一定时，电动机的转速也就一定，它不随负载而变。这一特点在某些传动系统，特别是多机同步传动系统和精密调速稳速系统中具有重要意义。同步电动机的运行稳定性也比较高。同步电动机一般是在过励状态下运行，其过载能力比相应的异步电动机大。异步电动机的转矩与电压平方成正比，而同步电动机的转矩决定于电压和电机励磁电流所产生的内电动势的乘积，即仅与电压的一次方成比例。当电网电压突然下降到额定值的 80%左右时，异步电动机转矩往往下降为 64%左右，并因带不动负载而停止运转；而同步电动机的转矩却下降不多，还可以通过强行励磁来保证电动机的稳定运行。

四、异步电动机

1. 异步电动机简介

由定子绕组形成的旋转磁场与转子绕组中感应电流的磁场相互作用而产生电磁转矩驱动转子旋转的交流电动机。

这种电动机并不像直流电动机有电刷或集电环，依据所用交流电的种类有单相电动机和三相电动机，单相电动机用在如洗衣机、电风扇等；三相电动机则作为工厂的动力设备。

三相异步电动机转子的转速低于旋转磁场的转速，转子绕组因与磁场间存在着相对运动而感生电动势和电流，并与磁场相互作用产生电磁转矩，实现能量变换。

与单相异步电动机相比，三相异步电动机运行性能好，并可节省各种材料。按转子结构的不同，三相异步电动机可分为笼式和绕线式两种。笼式转子的异步电动机结构简单、运行可靠、重量轻、价格便宜，得到了广泛的应用，其主要缺点是调速困难。绕线式三相异步电动机的转子和定子一样也设置了三相绕组并通过滑环、电刷与外部变阻器连接。调节变阻器电阻可以改善电动机的起动性能和调节电动机的转速。

2. 三相异步电动机原理

当向三相定子绕组中通过入对称的三相交流电时，就产生了一个以同步转速 $n1$ 沿定子和转子内圆空间作顺时针方向旋转的旋转磁场。由于旋转磁场以转速 $n1$ 旋转，转子导体开始时是静止的，故转子导体将切割定子旋转磁场而产生感应电动势（感应电动势的方向用右手定则判定）。由于转子导体两端被短路环短接，在感应电动势的作用下，转子导体中将产生与感应电动势方向基本一致的感生电流。转子的载流导体在定子磁场中受到电磁力的作用（力的方向用左手定则判定）。电磁力对转子轴产生电磁转矩，驱动转子沿着旋转磁场方向旋转，如图 2-14 所示。

通过上述分析，可以总结出电动机工作原理为：当电动机的三相定子绕组（各相差 120°电角度），通入三相对称交流电后，将产生一个旋转磁场，该旋转磁场切割转子绕组，从而在转子绕组中产生感应电流（转子绕组是闭合通路），载流的转子导体在定子旋转磁

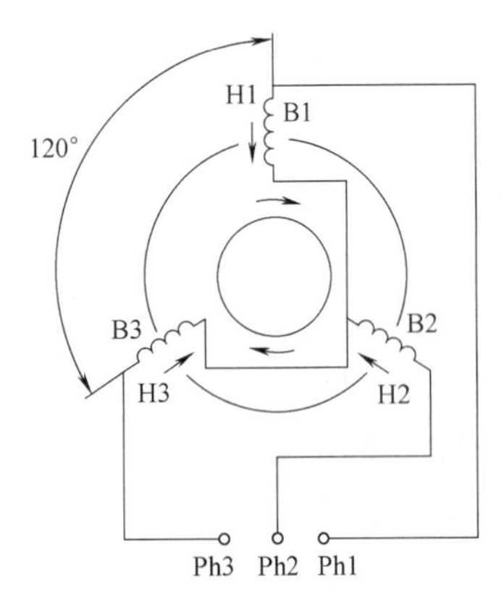

图 2-14　三相异步电动机原理

场作用下将产生电磁力，从而在电动机转轴上形成电磁转矩，驱动电动机旋转，并且电动机旋转方向与旋转磁场方向相同。

3. 交流三相异步电动机绕组分类

（1）单层绕组。

单层绕组就是在每个定子槽内只嵌置一个线圈有效边的绕组，因而它的线圈总数只有电机总槽数的一半。单层绕组的优点是绕组线圈数少，工艺比较简单；没有层间绝缘，故槽的利用率提高；单层结构不会发生相间击穿故障等。缺点则是绕组产生的电磁波形不够理想，电机的铁损和噪声都较大且起动性能也稍差，故单层绕组一般只用于小容量异步电动机中。单层绕组按照其线圈的形状和端接部分排列布置的不同，可分为链式绕组、交叉链式绕组、同心式绕组和交叉式同心绕组等几种绕组形式。

1）链式绕组。链式绕组是由具有相同形状和宽度的单层线圈元件所组成，因其绕组端部各个线圈像套起的链环一样而得名。单层链式绕组应特别注意的是其线圈节距必须为奇数，否则，该绕组将无法排列布置。

2）交叉链式绕组。当每极每相槽数 Q 为大于 2 的奇数时，链式绕组将无法排列布置，此时就需要采用具有单、双线圈的交叉式绕组。

3）同心式绕组。在同一极相组内的所有线圈围抱同一圆心。

4）当每级每相槽数 Q 为大于 2 的偶数时，则可采取交叉同心式绕组的形式。

单层同心绕组和交叉同心式绕组的优点为绕组的绕线、嵌线较为简单，缺点则为线圈端部过长，耗用导线过多。现除偶有用在小容量 2 极、4 极电动机中以外，目前已很少采用这种绕组形式。

（2）双层叠式绕组。

（3）单双层混合绕组。

（4）星接与角接的关系：

1）星接改角接：原星接时线径总截面积除以 1.732 等于角接时的线径总截面积。

2）角接改星接：原角接时线径总截面积乘以 1.732 等于星接时的线径总截面积。

（5）星接与角接本质上的区别。

星接时线电压等于相电压的 1.732 倍，相电流等于线电流。

角接时相电压等于线电压，线电流等于相电流的 1.732 倍。

同功率的电机，星接时，线径粗，匝数少；角接时，线径细，匝数多。

角接时的截面积是星接时的 0.58 倍，即角接时线径总截面积除以 0.58 等于星接时的线径总截面积。星接时线径总截面积乘以 0.58 等于角接时的线径总截面积。

线径截面积计算公式：截面积 S＝直径的平方乘以 0.785。

电动机的内部连接有显极和庶极之分，显极和庶极连接是由电动机的设计属性决定的，是不能更改的。

4. 三相异步电动机故障分析和处理

绕组是电动机的组成部分，老化、受潮、受热、受侵蚀、异物侵入、外力的冲击都会造成对绕组的伤害，电机过载、欠电压、过电压、缺相运行也能引起绕组故障。绕组故障一般分为绕组接地、短路、开路、接线错误。现在分别说明故障现象、产生的原因及检查方法。

（1）绕组接地

指绕组与铁芯或与机壳绝缘破坏而造成的接地。

1）故障现象。机壳带电、控制线路失控、绕组短路发热，致使电动机无法正常运行。

2）产生原因：

①绕组受潮使绝缘电阻下降；②电动机长期过载运行；③有害气体腐蚀；④金属异物侵入绕组内部损坏绝缘；⑤重绕定子绕组时绝缘损坏碰铁芯；⑥绕组端部碰端盖机座；⑦定、转子摩擦引起绝缘灼伤；⑧引出线绝缘损坏与壳体相碰；⑨过电压（如雷击）使绝缘击穿。

3）检查方法：

① 观察法。通过目测绕组端部及线槽内绝缘物，观察有无损伤和焦黑的痕迹，如有就是接地点。

② 万用表检查法。用万用表低阻档检查，读数很小，则为接地。

③ 兆欧表法。根据不同的等级选用不同的兆欧表测量每组电阻的绝缘电阻，若读数为零，则表示该项绕组接地，但对电动机绝缘受潮或因事故而击穿，需依据经验判定，一般说来，指针在“0”处摇摆不定时，可认为其具有一定的电阻值。

④ 试灯法。如果试灯亮，说明绕组接地，若发现某处伴有火花或冒烟，则该处为绕组接地故障点。若灯微亮则绝缘有接地击穿。若灯不亮，但测试棒接地时也出现火花，说明绕组尚未击穿，只是严重受潮。也可用硬木在外壳的止口边缘轻敲，敲到某一处灯一灭一亮时，说明电流时通时断，则该处就是接地点。

⑤ 电流穿烧法。用一台调压变压器，接上电源后，接地点很快发热，绝缘物冒烟处即为接地点。应特别注意，小型电机不得超过额定电流的两倍，时间不超过半分钟；大电机为额定电流的 20％～50％或逐步增大电流，到接地点刚冒烟时立即断电。

⑥ 分组淘汰法。对于接地点在铁芯里面且烧灼比较厉害，烧损的铜线与铁芯熔在一起。采用的方法是把接地的一相绕组分成两半，依此类推，最后找出接地点。

此外，还有高压试验法、磁针探索法、工频振动法等，此处不一一介绍。

4）处理方法：

① 绕组受潮引起接地的应先进行烘干，当冷却到 60～70℃左右时，浇上绝缘漆后再烘干。

② 绕组端部绝缘损坏时，在接地处重新进行绝缘处理，涂漆，再烘干。

③ 绕组接地点在槽内时，应重绕绕组或更换部分绕组元件。

最后应用不同的兆欧表进行测量，满足技术要求即可。

（2）绕组短路

由于电动机电流过大、电源电压变动过大、单相运行、机械碰伤、制造不良等造成绝缘损坏所致，分绕组匝间短路、绕组间短路、绕组极间短路和绕组相间短路。

1）故障现象。离子的磁场分布不均，三相电流不平衡而使电动机运行时振动和噪声加剧，严重时电动机不能启动，而在短路线圈中产生很大的短路电流，导致线圈迅速发热而烧毁。

2）产生原因：

①电动机长期过载，使绝缘老化失去绝缘作用；②嵌线时造成绝缘损坏；③绕组受潮使绝缘电阻下降造成绝缘击穿；④端部和层间绝缘材料没垫好或整形时损坏；⑤端部连接线绝缘损坏；⑥过电压或遭雷击使绝缘击穿；⑦转子与定子绕组端部相互摩擦造成绝缘损坏；⑧金属异物落入电动机内部和油污过多。

3）检查方法：

① 外部观察法。观察接线盒、绕组端部有无烧焦，绕组过热后留下深褐色，并有臭味。

② 探温检查法。空载运行 20 分钟（发现异常时应立即停止），用手摸绕组各部分是否超过正常温度。

③ 通电实验法。用电流表测量，若某相电流过大，说明该相有短路处。

④ 电桥检查。测量各绕组直流电阻，一般相差不应超过 5%以上，如超过，则电阻小的一相有短路故障。

⑤ 短路侦察器法。被测绕组有短路，则钢片就会产生振动。

⑥ 万用表或兆欧表法。测任意两相绕组相间的绝缘电阻，若读数极小或为零，说明该二相绕组相间有短路。

⑦ 电压降法。把三绕组串联后通入低压安全交流电，测得读数小的一组有短路故障。

⑧ 电流法。电动机空载运行，先测量三相电流，在调换两相测量并对比，若电流不随电源调换而改变，较大电流的一相绕组有短路。

4）短路处理方法：

① 短路点在端部。可用绝缘材料将短路点隔开，也可重包绝缘线，再上漆重新烘干。

② 短路在线槽内。将其软化后，找出短路点修复，重新放入线槽后，再上漆烘干。

③ 对短路线匝少于 1/12 的每相绕组，串联匝数时切断全部短路线，将导通部分连接，形成闭合回路，供应急使用。

④ 绕组短路点匝数超过 1/12 时，要全部拆除重绕。

（3）绕组断路

由于焊接不良或使用腐蚀性焊剂，焊接后又未清除干净，就可能造成虚焊或松脱；受机械应力或碰撞时线圈短路、短路与接地故障也可使导线烧毁，在并绕的几根导线中有一根或几根导线短路时，另几根导线由于电流的增加而温度上升，引起绕组发热而断路。一般分为一相绕组端部断线、匝间短路、并联支路处断路、多根导线并绕中一根断路、转子断笼。

1）故障现象。电动机不能启动，三相电流不平衡，有异常噪声或振动大，温升超过允许值或冒烟。

2）产生原因：

① 在检修和维护保养时碰断或制造质量问题。

② 绕组各元件、极（相）组和绕组与引接线等接线头焊接不良，长期运行过热脱焊。

③ 受机械力和电磁场力使绕组损伤或拉断。

④ 匝间或相间短路及接地造成绕组严重烧焦或熔断等。

3）检查方法：

① 观察法。断点大多数发生在绕组端部，看有无碰折、接头处有无脱焊。

② 万用表法。利用电阻档，对“Y”形接法的将一根表棒接在“Y”形的中心点上，另一根依次接在三相绕组的首端，无穷大的一相为断点；“△”形接法的短开连接后，分别测每组绕组，无穷大的则为断路点。

③ 试灯法。方法同前，灯不亮的一相为断路。

④ 兆欧表法。阻值趋向无穷大（即不为零值）的一相为断路点。

⑤电流表法。电动机在运行时，用电流表测三相电流，若三相电流不平衡、又无短路现象，则电流较小的一相绕组有部分断路故障。

⑥ 电桥法。当电动机某一相电阻比其他两相电阻大时，说明该相绕组有部分断路故障；

⑦ 电流平衡法。对于“Y”形接法的，可将三相绕组并联后，通入低电压大电流的交流电，如果三相绕组中的电流相差大于10%时，电流小的一端为断路；对于“△”形接法的，先将定子绕组的一个接点拆开，再逐相通入低压大电流，其中电流小的一相为断路。

⑧ 断笼侦察器检查法。检查时，如果转子断笼，则毫伏表的读数应减小。

4）断路处理方法：

① 断路在端部时，连接好后焊牢，包上绝缘材料，套上绝缘管，绑扎好，再烘干。

② 绕组由于匝间、相间短路和接地等原因而造成绕组严重烧焦的，一般应更换新绕组。

③ 对断路点在槽内的，属少量断点的做应急处理，采用分组淘汰法找出断点，并在绕组断部将其连接好并绝缘合格后使用。

④ 对笼形转子断笼的可采用焊接法、冷接法或换条法修复。

（4）绕组接错

绕组接错造成不完整的旋转磁场，致使启动困难、三相电流不平衡、噪声大等症状，严重时若不及时处理会烧坏绕组。主要有下列几种情况：某极相中一只或几只线圈嵌反或头尾接错；极（相）组接反；某相绕组接反；多路并联绕组支路接错；“△”、“Y”接法错误。

1）故障现象：

电动机不能启动、空载电流过大或不平衡过大，温升太快或有剧烈振动并有很大的噪声、烧断保险丝等现象。

2）产生原因：

①误将“△”形接成“Y”形；②维修保养时三相绕组有一相首尾接反；③减压启动时抽头位置选择不合适或内部接线错误；④新电动机在下线时，绕组连接错误；⑤旧电动机出头判断不对。

3）检修方法：

① 滚珠法。如滚珠沿定子内圆周表面旋转滚动，说明正确，否则绕组有接错现象。

② 指南针法。如果绕组没有接错，则在一相绕组中，指南针经过相邻的极（相）组时，所指的极性应相反，在三相绕组中相邻的不同相的极（相）组也相反；如极性方向不变时，说明有一极（相）组反接；若指向不定，则相组内有反接的线圈。

③ 万用表电压法。按接线图，如果两次测量电压表均无指示，或一次有读数、一次没有读数，说明绕组有接反处。

④ 常见的还有干电池法、毫安表剩磁法、电动机转向法等。

4）处理方法：

① 一个线圈或线圈组接反，则空载电流有较大的不平衡，应进厂返修。

② 引出线错误的应正确判断首尾后重新连接。

③ 减压启动接错的应对照接线图或原理图，认真校对重新接线。

④ 新电动机下线或重接新绕组后接线错误的，应送厂返修。

⑤ 定子绕组一相接反时，接反的一相电流特别大，可根据这个特点查找故障并进行维修。

⑥ 把“Y”形接成“△”形或匝数不够，则空载电流大，应及时更正。

（5）保养方法

连续运转的三相异步电动机，日常保养内容：外观检查，风扇是否工作正常，是否有异常振动，联轴器连接是否可靠，底座固定是否紧固，轴承工作是否正常（听声音），温度是否正常（红外测温仪），定期检查电线接头和开关触点，工作电流是否正常（钳形电流表）。另外，绕线式电动机还须检查碳刷和滑环。

第四节　高低压控制电器

一、高压断路器

1. 高压断路器简介

高低压断路器或称高压开关，额定电压 3kV 及以上，主要用于开断和关合导电回路的电器。它不仅可以切断或闭合高压电路中的空载电流和负荷电流，而且当系统发生故障时通过继电器保护装置的作用，切断过负荷电流和短路电流。它具有相当完善的灭弧结构和足够的断流能力。可分为：油断路器（多油断路器、少油断路器）、六氟化硫断路器（SF6 断路器）、真空断路器、压缩空气断路器等。

2. 高压负荷开关、高压隔离开关和高压断路器的区别

（1）高压负荷开关，是可以带负荷分断的，有自灭弧功能，但它的开断容量很小，很有限。

（2）高压隔离开关，一般是不能带负荷分断的，结构上没有灭弧罩，也有能分断负荷的高压隔离开关，只是结构上与负荷开关不同，相对来说简单一些。

（3）高压负荷开关和高压隔离开关，都可以形成明显断开点，大部分高压断路器不具有隔离功能，也有少数高压断路器具隔离功能。

（4）高压隔离开关不具备保护功能，高压负荷开关的保护一般是加熔断器保护，只有速断和过流。

(5) 高压断路器的开断容量可以在制造过程中做得很高。主要是依靠加电流互感器配合二次设备来保护。可具有短路保护、过载保护、漏电保护等功能。

3. 高压断路器常见故障

(1) 电气回路故障

1) 合闸保险熔断或接触不良。

2) 直流电压过低。

3) 操作把手、开关辅助接触不良或断线。

4) 接触器合闸线圈动短路。

5) 用电动机合闸的虎关，合闸回路电阻断线或跳闸后未返回。

(2) 机械部分故障

1) 开关本体和接触器卡住（如 SN1-10 导向管脱出，DW2-35 提升销子过长等）。

2) 大轴串动或销子脱落。

3) 合闸托子因油泥过多而卡住。

4) 托架坡度大，不正或吃度小。

5) 三点过高，分闸销钩合不牢。

6) 机构卡住，未复归到预备合闸位置。

7) 合闸缓冲间隙小，合闸线圈铁芯超越行程小。

4. 高压断路器故障检查方法

当电动合闸失灵时，应先判断是电气部分的原因还是机械部分的原因。如果接触器不动作，则是控制回路故障；如果接触器动作，合闸铁芯不动，则是主合闸回路故障；如主合闸铁芯动作了，但出现卡颈或机构挂不牢脱落现象，一般是机械故障，这种情况有时也与电气部分有关。根据上述分析判断，逐步缩小范围，直至找出原因，及时处理。

二、低压接触器

1. 低压接触器简介

低压接触器是用于远距离频繁地接通和分断交直流主电路和大容量控制电路的电器，其主要控制对象是电动机，也可以控制其他电力负载，如电热器、照明灯、电焊机、电容器组等。

低压接触器分类：

按触头的驱动方式分为电磁接触器、气动接触器、液压接触器等。

按电真空技术和电子器件的发展，有真空接触器和电子式接触器。

按工作电压种类，可分为交流接触器和直流接触器。

按主触头控制电路的种类，分为交流和直流。

按主触头极数，分为单极、二极、三极、四极、五极。

按灭弧介质，分为空气式和真空式。

按励磁线圈断电时的主触头位置，分为常开、常闭和兼有常开及常闭。

按结构形式，分为直动式、转动式和杠杆传动式。

按励磁线圈电压种类，分为直流和交流。

按有无触头，分为有触点式和无触点式。

2. 低压接触器常见故障

(1) 通电后不能合闸或不能完全合闸，原因是线圈电压等级不对或电压不足，运动部件卡位，触头超程过大及触头弹簧和释放弹簧反力过大等。

(2) 吸合过程过于缓慢，其原因在于动、静铁芯气隙过大，反作用过大，线圈电压不足等。

(3) 噪声过大或发生振动，其原因是分磁环断裂，线圈电压不足，铁芯板面有污垢和锈斑等。

(4) 线圈损坏或烧毁，原因在于线圈内部断线或匝间短路，线圈在过压或欠压运行等。

(5) 线圈断电后铁芯不释放，其原因有剩磁太大，反作用力太小，板面有黏性油脂，运动部件卡位等。

(6) 触头温升过高及发生熔焊，其原因是负载电流过大，超程太小，触头压力过小及分断能力不足，触头接触面有金属颗粒凸起或异物，闭合过程中振动过于激烈或发生多次振动等。

3. 低压接触器检查方法

接触器是重要的低压电器元件，其寿命的长短是质量评价和主要指标之一，故采取一些措施提高寿命很重要。

吸力特性与反力特性的合理配合可以提高接触器的寿命。接触器的动作电压为85%～110%U_n。

触头闭合和铁芯吸合时使触头产生的一次和二次跳动，可能导致触头熔焊及增大其电侵蚀。为了减小触头跳动时间，应适当减小触头的质量和运动速度，并适当增大触头初接触力。为了减小和防止触头的第二次弹跳（此时因起动电流大，危害性更严重），除借吸力特性与反力特性的良好配合以减小碰撞能量外，还需给电磁系统加装缓冲装置以吸收衔铁等的动能。

对于转动式结构，适当地改变衔铁支臂与触头支臂间的杠杆比，可改变触头的接触压力和闭合速度，从而改善触头的弹跳情况。

交流铁芯的分磁环在机械上是一个薄弱环节。当衔铁与铁芯碰撞时，分磁环悬伸于铁芯外部分的根部及转角处应力最大，常易断裂。当前普遍采用的工艺是将分磁环紧嵌于静铁芯磁极端部的槽内，并在其四周以胶粘剂粘牢，以增大机械强度。

为了提高接触器的机械寿命，还可适当增大极面面积，以减小碰撞应力。交流铁芯的极面和直流铁芯的棱角部分，还可通过硬化处理以延长使用寿命。凡转动部分合理地选用运动副，如采用摩擦系数小而耐磨性强的塑料－塑料或塑料－金属构成运动副，或在热逆性塑料中添加少量的二硫化钼或者石墨等制造轴承或导轨，对降低摩擦系数和提高耐磨性能，都很有效。

三、起动器

1. 起动器简介

大功率三相异步电动机一般情况下不能直接启动，这样就需要用到起动器。

2. 三相异步电动机的启动方式

(1) 直接启动。当三相异步电动机直接启动时，电流可达到额定电流的6～7倍，对电网的冲击较大，特别是大功率电动机。

(2) 降压启动。降压启动主要有热自耦降压启动和星三角降压启动。

热自耦降压启动是指通过自耦变压器在启动时降低电动机电压，同时降低启动电流。一般降低为额定电压的55%～75%左右。优点是可以通过改变自耦变压器的抽头圈数方便地改变启动电压。缺点是需要用到自耦变压器，成本较大。

星三角降压启动是指通过改变电动机的接线方式而改变启动电压，从而降低启动电流的一种方法，只能适用于正常接线方式为三角形接法的电动机。在启动时，使用继电器方法使电动机接线方式为星形，此时电动机的每相电压降低为原来的根号三分之一，电动机转速达到额定转速的80%左右，控制继电器改变电动机接线方式为三角形，电动机开始正常运转。优点是可以节省自耦变压器，降低成本，同时接线方法简单，可靠性较大。缺点是无法改变启动电压的比率，同时无法使用在星形接法的电动机。

(3) 频敏电阻启动。频敏电阻启动是指在电动机启动时在主路中串联频敏电阻，从而降低启动电流。频敏电阻能够平滑地改变启动电流，对电网的冲击较小，是较为理想的启动方式。但是目前大功率的频敏电阻都是采用电感的形式，所以在使用时会产生较大的电磁涡流，会降低电网的功率因数。

3. 低压接触器及电动机起动器的检查

(1) 低压接触器及电动机起动器安装前的检查，应符合下列要求：

1) 衔铁表面应无锈斑、油垢；接触面应平整、清洁。可动部分应灵活无卡阻；灭弧罩之间应有间隙；灭弧线圈绕向应正确。

2) 触头的接触应紧密，固定主触头的触头杆应固定可靠。

3) 当带有常闭触头的接触器与磁力起动器闭合时，应先断开常闭触头，后接通主触头；当断开时应先断开主触头，后接通常闭触头，且三相主触头的动作应一致，其误差应符合产品技术文件的要求。

4) 电磁起动器热元件的规格应与电动机的保护特性相匹配；热继电器的电流调节指示位置应调整在电动机的额定电流值上，并应按设计要求进行定值校验。

(2) 低压接触器和电动机起动器安装完毕后，应进行下列检查：

1) 接线应正确。

2) 在主触头不带电的情况下，启动线圈间断通电，主触头动作正常，衔铁吸合后应无异常响声。

(3) 真空接触器安装前，应进行下列检查：

1) 可动衔铁及拉杆动作应灵活可靠，无卡阻。

2) 辅助触头应随绝缘摇臂的动作可靠动作，且触头接触应良好。

3) 按产品接线图检查内部接线应正确。

4) 采用工频耐压法检查真空开关管的真空度，应符合产品技术文件的规定。

5) 真空接触器的接线，应符合产品技术文件的规定，接地应可靠。

6) 可逆起动器或接触器，电气联锁装置和机械联锁装置的动作均应正确、可靠。

(4) 星、三角起动器的检查、调整，应符合下列要求：

1）起动器的接线应正确；电动机定子绕组正常工作应为三角形接线。

2）手动操作的星、三角起动器，应在电动机转速接近运行转速时进行切换；自动转换的起动器应按电动机负荷要求正确调节延时装置。

（5）自耦减压起动器的安装、调整，应符合下列要求：

1）起动器应垂直安装。

2）油浸式起动器的油面不得低于标定油面线。

3）减压抽头在65％～80％额定电压下，应按负荷要求进行调整；起动时间不得超过自耦减压起动器允许的启动时间。

4）手动操作的起动器，触头压力应符合产品技术文件规定，操作应灵活。

5）接触器或起动器均应进行通断检查；用于重要设备的接触器或起动器尚应检查其启动值，并应符合产品技术文件的规定。

6）变阻式起动器的变阻器安装后，应检查其电阻切换程序、触头压力、灭弧装置及启动值，并应符合设计要求或产品技术文件的规定。

四、低压控制电器

1. 低压控制电器简介

低压控制电器主要用于低压电力拖动系统中，对电动机的运行进行调节和保护的电器。常用的低压控制电器有刀开关、组合开关、按钮、位置开关、接触器和继电器等。

2. 接触器故障原因及排除方法

（1）接触器常见的故障、原因及排除方法见表2-1。

接触器常见的故障、原因及排除方法　　表2-1

故障现象	可能原因	排除方法
触头不释放或释放缓慢	1. 铁芯极面有油污或尘埃粘着 2. E型铁芯剩磁大，铁芯释放不及时	1. 清除油污 2. 更换铁芯
接触器有像变压器的响声	1. 电源电压过低，触头、衔铁吸不牢 2. 衔铁与铁芯接触不良，有杂物 3. 短路环损坏、断裂 4. 弹簧压力过大，活动部件受卡阻	1. 调整电源电压 2. 清理铁芯极面 3. 调换铁芯或短路环 4. 更换弹簧、清楚卡阻故障
线圈过热	1. 电源电压过热高 2. 电源电压过低，线圈电流过大 3. 线圈技术参数与使用条件不符 4. 接触器动作过频，连接承受大电流冲击	1. 更换线圈 2. 更换线圈 3. 更换线圈或接触器 4. 更换线圈或接触器
触头灼伤或熔焊	1. 触头压力过小 2. 触头表面有金属颗粒异物 3. 操作频率过高，或工作电流过大，断开容量不够 4. 长期过载使用 5. 负载侧短路	1. 调高触头弹簧压力 2. 清理触头表面 3. 调换容量较大的接触器 4. 调换合适的接触器 5. 排除短路故障，更换触头

（2）热继电器常见故障及修理方法见表2-2。

热继电器常见故障及修理方法 **表 2-2**

故障现象	可能原因	排除方法
热继电器拒动作	1. 整定值偏高 2. 热动件烧结或脱焊 3. 动作机构卡住 4. 导线脱出	1. 调整整定值或换上合适的热继电器 2. 更换继电器 3. 清除或调整继电器 4. 重新放置并调整
热元件烧断	1. 负载电路电流过大 2. 操作频率过高	1. 查电路派故障更换继电器 2. 重新选用继电器

第五节　数控技术和工业电视

一、数控技术基本知识

1. 数控技术的概念

数控技术，简称数控，即采用数字控制的方法对某一工作过程实现自动控制的技术。它所控制的通常是位置、角度、速度等机械量和与机械能量流向有关的开关量。数控的产生依赖于数据载体和二进制形式数据运算的出现。

2. 数控装置的组成

（1）数控装置的硬件组成

1）计算机部分：CPU、总线、存储器、外围逻辑电路等

2）电源部分：电源为 CNC 装置提供一定的逻辑电压、模拟电压和开关量控制电压，电源要能够抵抗较强的浪涌电压（电路在雷击或接通、断开电感负载或切投大型负载时常常会产生很高的操作过电压，这种瞬时过电压称为浪涌电压，是一种瞬变干扰，例如直流 6V 继电器线圈断开时会出现 300V～600V 的浪涌电压）干扰。

3）面板接口和显示电路：机床的操作面板，数码显示和 CRT 显示通过面板接口和计算机部分发生联系。

4）输入/输出接口：连接计算机和外部设备。

5）内装型 PLC：现代数控系统多采用内装 PLC，利用 PLC 的逻辑运算功能实现各种开关量的控制。

6）伺服输出和位置反馈接口。

这部分硬件和 CPU 一起组成 CNC 系统位置控制的硬件支持，位置控制的某些重要性能取决于这部分硬件，伺服输出接口把 CPU 运算所产生的控制策略经转换后输出给伺服驱动系统。它一般由输出寄存器和 D/A 器件组成。

位置反馈接口采样位置反馈信号，它一般由鉴相、倍频电路、计数电路等组成。

7）主轴控制接口：连接 CPU 和主轴放大器。

（2）数控系统软件

1）输入数据处理程序。

2）插补运算程序。

3）速度控制程序。

4）管理程序。

5）诊断程序。

CNC 系统软硬件界面如图 2-15 所示。

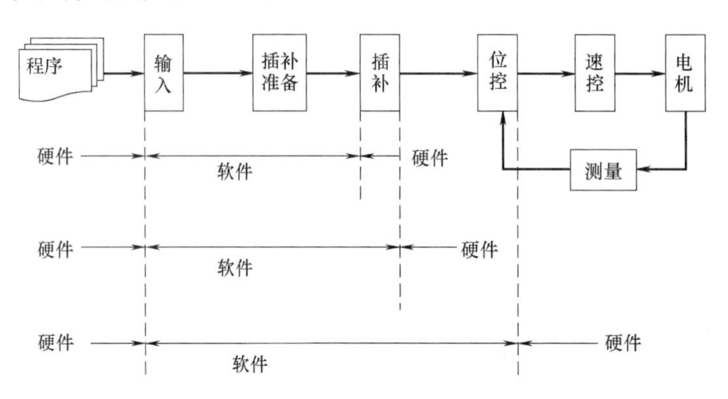

图 2-15　CNC 系统软硬件界面

二、模-数、数-模转换

1. 基本概念

模-数转换是把连续模拟量转换为离散数字量的过程，称为模-数转换。反之，称为数-模转换。它们是模拟和数字控制系统中的重要环节。因由各种传感器所获得的信号值及机电装置的输入均是模拟电压或电流值，而这些模拟量值不能与数字信号通用，故其间必须经过模-数与数-模转换。

模-数、数-模转换器的实时控制系统的构成如图 2-16 所示。

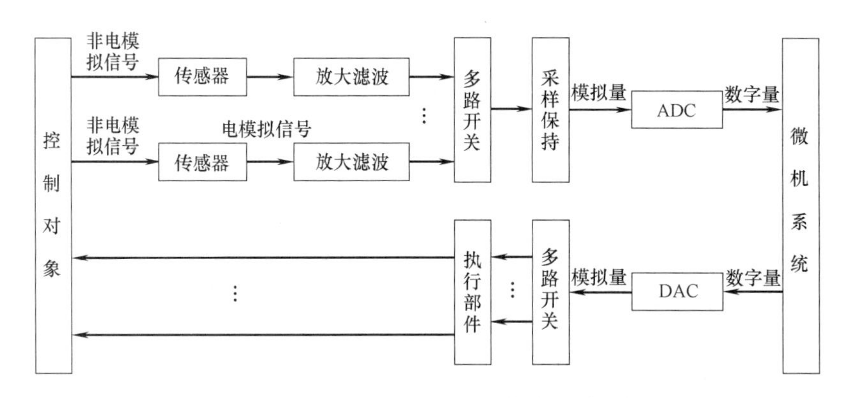

图 2-16　A/D 和 D/A 转换器的实时控制系统的构成框图

A/D 和 D/A 转换主要分为以下三类：

(1) 数字/电压和电压/数字转换。

(2) 电压/频率（脉宽）和频率（脉宽）/电压转换。

(3) 转角/数字和数字/转角转换。

2. 模-数转换

(1) A/D 转换器的作用：将模拟的电信号转换成数字信号。在将物理量转换成数字量之前，必须先将物理量转换成电模拟量，这种转换是靠传感器完成的。

（2）A/D分类：按被转换的模拟量类型可分为时间/数字、电压/数字、机械变量/数字等。应用最多的是电压/数字转换器。

3. 数-模转换

D/A 转换器的基本原理：数字量是由一位一位的数位构成的，每一位都代表一个确定的权。为了把一个数字量变为模拟量，必须把每一位的代码按其权值转换为对应的模拟量，再把每一位对应的模拟量相加，这样得到的总模拟量便对应于给定的数据。

多数 D/A 转换器把数字量变成模拟电流，如果将其转换成模拟电压还要使用电流/电压转换器（I/V）来实现。

三、可编程控制器

可编程控制器（PLC）是一种数字运算操作的电子系统，专为工业环境应用而设计。它采用可编程序的存储器，用来在其内部存储执行逻辑运算、顺序控制、定时、计数和算术运算等操作的指令，并通过数字式、模拟式的输入/输出，控制各种机械或生产过程。

PLC 是以微处理器为核心的一种特殊的工业用计算机，其结构与一般的计算机相类似，由中央处理单元（CPU）、存储器（RAM、ROM、EPROM、EEPROM 等）、输入接口、输出接口、I/O 扩展接口、外部设备接口以及电源等组成。

可编程控制器工作原理：

早期的可编程逻辑控制器是为了替代继电器控制电路而研制的，用于顺序控制，所谓顺序控制就是在各种输入信号作用下，按照预先规定的顺序，使各个执行器自动地顺序动作，且在动作过程中还应具有记忆和约束功能，以满足工艺要求。图 2-17 是电动机正反转控制电路，这是一个简单的顺序控制，SB1 是停车按钮，SB2 是正向启动按钮，SB3 是反向启动按钮，KM1 和 KM2 分别是控制电动机正转和反转的交流接触器。

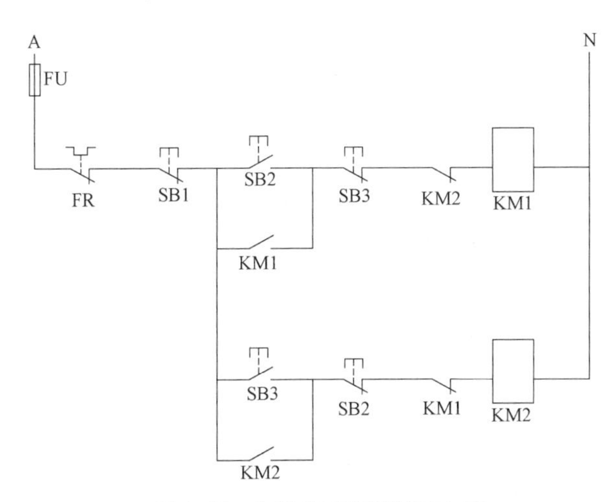

图 2-17 电动机正反转控制电路

为了防止误操作引起电源短路，将 KM1 和 KM2 的常闭辅助触点串入对方的接触器线圈回路中，形成互锁，复合按钮 SB2 和 SB3 的常闭触点也形成互锁。

按下正转按钮 SB2，KM1 得电吸合，电动机正转。按下停止按钮 SB1，KM1 失电释放，电动机停止转动。按下反转按钮 SB3，KM2 得电吸合，电动机反转。

由于 SB2 和 SB3 为复合按钮，在正转运行时，若需要反转运行，也可直接按下反转按钮 SB3。首先，SB3 的常闭触点断开，使 KM1 失电释放，电动机脱离电源，而后，SB3 的常开触点闭合使 KM2 得电吸合，电动机反转。

继电器-接触器控制电路采用的是硬逻辑并行运行方式，即如果某个继电器线圈通电或断电，则该继电器所有的常开和常闭触点都会立即动作，而与这些触点在电路中所处的位置无关。例如，图中的 KM1 得电吸合时，位于第 1 梯级的自保常开触点 KM1 和位于第 2 梯级的互锁常闭触点 KM1 是同时动作的（严格来说是常闭先断开而常开后闭合），这种硬逻辑关系保证了安全性。

四、工业电视

工业电视是用于监视工业生产过程及其环境的电视系统。

该系统主要由摄像机、传输通道、控制器和监视器组成。在工业中常用作实时监视、数据传输、信息记录、测量记录等。常用于高温、多粉尘、环境恶劣的场合使用。如应用在电力生产过程实时监视（如锅炉汽包水位监视、燃烧室火焰监视）安全和消防等方面。

工业电视系统传输与线路敷设规定：

（1）工业电视系统宜采用金属电缆或光缆传送电视信号的传输方式。

（2）电视基带信号，从发送端到接收端之间的传输净衰耗不宜大于 3dB。

（3）黑白电视基带信号（全电视信号）通过电缆传输，在 5MHz 点的不平坦度大于 3dB 时，应加电缆均衡器；达到 6dB 时，必须加电缆均衡放大器。电缆均衡器的输出信噪比，不应小于 38dB。

彩色电视传输频宽规定以 5.5MHz 时，电缆传输衰耗不平坦度大于 3dB 时，应加电缆均衡器，校正后的群延时，不得超过 ±100ns。电缆均衡器输出信噪比，不应小于 40dB。

（4）室外工业电视电缆线路，可采用架空敷设方式、管道敷设方式或直埋敷设方式。

工业电视电缆如与 10kV 及以下电力电缆、仪表管线的隧道（沟）同一路由时，工业电视电缆可敷设在其隧道（沟）内。

（5）车间内的工业电视电缆线路，宜采用配管敷设方式。

（6）无机械损伤的建筑物内的工业电视电缆线路，宜采用沿墙明管敷设方式；在要求管线隐蔽的建筑物内，则应采用暗管敷设方式。

（7）交流电源电缆与视频电缆宜分管敷设。

（8）在有爆炸危险区域内的工业电视电缆线路，必须采取防爆措施，并应符合国家现行标准《爆炸和火灾危险场所电力装置设计规范》的要求。

（9）环境温度超过工业电视电缆允许温度范围时，管线必须采取隔热、保温措施。

（10）高温电视摄像机引出电缆，应采用高温电视电缆。

（11）水下电视电缆应采用抗拉强度高、防腐性能好的专用电缆。

（12）工业电视电缆线路敷设，应符合国家现行标准《工业企业通信设计规范》有关音频线路网的规定。

第三章 相关知识

第一节 电气施工管理

一、劳动力组织与管理

1. 建筑企业劳动力管理现状

（1）地区：发展快的地区劳动力匮乏，工价较高；落后地区，劳动力丰富，价格低廉。

（2）季节：冬季北方寒冷，缺乏劳力，夏季南方炎热，造成劳动力按季节迁徙。

（3）时节：中国的传统文化决定，春节、农忙等节假日工人都得回家，造成现场用工荒。其中根据地区文化差异，其他有如清明、端午等常规节假日也有人员流动。农忙根据地区不同，作物物种不同，造成农忙时间不同，农忙次数不同，农忙持续时间长短也不同。

（4）区域文化：中国地域宽广，幅员辽阔，经几千年沉积，各地区文化不同，习性不同，人的思想素质也不同，导致工作态度不同，工作效率不一。

（5）国家政策倾斜：自从国家政策向弱势群体倾斜，工人的地位显著提高，最明显的是：以前人找事，现在是事找人。

（6）地区发展不平衡已造成劳动力分布不平衡，到处出现用工荒，高薪招聘，而工人本着门前的低价也不愿意高价出门。

2. 劳动力组织流程

工程项目立项、投标、签订合同，一般在工程投标期间就已按照图纸内容粗划工序，排布工期，根据招标文件要求的工期调整工序、压缩时间，从施工组织、工期等技术标上争取优势。进场后，由组建的项目部按公司编制的施工组织设计编制施工方案，微调工序，细化工作，编制更为合理、细化的进度计划。进度计划应是根据劳动组织原则，考虑均衡劳动力的前提下编制的。

劳动力组织的原则：

（1）均衡布置。

（2）劳动力波峰尽量集中，避免大进大出。

（3）劳动力组织合理，部分特殊情况稍有富余，以备不足和考虑不周。

（4）尽量机械化，减少用工。

（5）用工高峰期尽量避免节假日。

3. 劳动力组织的措施

（1）工序调整：由各工序细化，安排各用工计划，根据用工计划合理调整工序，尽量集中用工峰值期。

（2）技术调整：由各工艺措施、方案选择，尽量减少用工，合理机械化；在不影响功能，不影响使用的前提下可协商优化设计，达到甲乙双方共赢。

（3）经济措施：用工、做事都离不开资金的支持，保证现场资金充裕，专款专用，特殊情况下可用一定的奖惩措施来提高工效，减少用工，包括加班、夜间施工，尽量减少用工峰值。

（4）管理措施：制定劳动力管理办法，落实管理制度，执行奖惩措施。

二、电气技术管理

电气技术管理主要是以提高工序生产能力和工序生产质量为目的，开展有关电气技术活动的组织、技术、交流、建议等方面的管理工作。

1. 企业及班组技术管理

技术管理是企业的技术进步、新产品开发、工程技术活动的组织和管理工作的总称。班组技术管理主要是针对工艺技术的。

（1）企业技术管理的主要任务

1）充分发挥科技人员的作用，充分利用企业现有技术条件，认真组织科学研究和开发应用技术，加快发展新技术，建立相应的技术准备，增强企业后劲。

2）合理组织企业的技术工作，提高企业的生产技术水平。

3）建立和完善良好的生产技术秩序，为生产顺利进行提供技术保证。

（2）企业技术管理的主要内容

1）拟定企业的科学研究和技术发展的总体规划。

2）技术管理机构和制度的建立和健全。

3）新技术的开发、推广和技术转化、引进等管理工作。

4）产品设计及工艺管理。

5）产品质量的控制和管理。

6）技术革新、技术改造和技术措施的管理。

7）设备与工具的管理。

8）有关生产的技术管理和技术安全工作的管理。

9）标准化管理、技术教育管理，以及技术情报资料的收集、整理等。

（3）班组技术管理的任务

班组技术管理总的任务是：根据新技术发展的需要，按照企业与车间的部署，不断地提高班组生产的技术水平，推动科学技术进步，提高经济效益。具体可分为三个方面：

1）发挥班组技术员工的作用。充分利用班组现有技术条件，贯彻执行车间、工段的安排，积极组织班组成员进行科学技术的研究和新技术、新设备、新工艺、新材料的应用。

2）组织班组技术工作。合理组织班组技术工作，健全班组各项日常技术管理制度，建立良好的生产技术工作秩序，为生产顺利进行提供技术保证。

3）教育职工执行工艺技术标准。教育员工执行工艺规程和技术标准，按照设计图纸，工艺标准组织生产，保证设备处于良好的状态，生产出符合工艺标准的产品。

（4）班组技术管理的内容

1）按照技术保障组织生产，在生产过程中认真执行工艺规程。

2）组织工序质量控制活动和开展质量攻关活动，搞好质量自检和互检。

3）使用与维护保养好生产设备和工具、量具、检具。

4）组织员工学习交流技术知识和操作技能。

5）开展合理化建议和技术改进活动。

（5）工艺管理

工艺管理是班组技术管理的中心，它是对工艺进行组织、计划、监督和控制的总称。

工艺是指投入品加工成产出品的过程。工艺技术则是指利用生产工具对投入品进行加工或处理，使之成为产出品的方法和步骤。工艺技术是企业生产技术的核心组成部分。

材料、设备、工艺是企业生产的基本要素，是反映技术水平的主要标志。其中，工艺技术是企业技术诸要素中的核心。工艺技术决定了产品的加工路线、零件的加工方法，从而决定了采用什么样的设备和工装。先进合理的工艺技术在企业生产中起以下作用：

1）保证和提高产品质量。产品质量是企业的生命。为了提高和保证产品质量，企业必须从产品研制、生产和销售的全过程着手，加强各方面的质量管理。从产品的研制过程来看，良好的、合理的工艺技术，是保证和提高产品质量的重要环节。

2）提高劳动生产率。先进合理的工艺技术可以使企业在生产加工过程中充分利用人力资源，节约劳动时间，发挥设备能力，从而提高劳动生产率。

3）降低生产成本。先进合理的工艺技术可以使企业节省和合理选择原材料，研究新材料，合理使用和改进现有设备，研制新的高效设备等。由此可以降低企业制造过程的能耗，降低生产成本，从而提高产品的市场竞争力。工艺对于降低产品的消耗，有着显著的作用。先进的制造技术和加工方法的特点之一，是原材料及能源消耗低。

4）保证新产品的开发。先进合理的工艺技术能保证新产品开发的顺利进行。一般来说，新产品的先进设计可以促进工艺的发展，而先进工艺的开发和储备，又可为设计水平的提高创造条件。没有先进的工艺为基础，就不可能设计出先进的产品，即使设计出新产品也制造不出来。

2. 电气工程施工组织设计编制的内容和管理程序

施工组织设计是对施工活动实行科学管理的重要手段，它具有战略部署和战术安排的双重作用。它体现了实现基本建设计划和设计的要求，提供了各阶段的施工准备工作内容，协调施工过程中各施工单位、各施工工种、各项资源之间的相互关系。

（1）施工组织设计编制原则

1）重视工程的组织对施工的作用。

2）提高施工的工业化程度。

3）重视管理创新和技术创新。

4）重视工程施工的目标控制。

5）积极采用国内外先进的施工技术。

6）充分利用时间和空间，合理安排施工顺序，提高施工的连续性和均衡性。

7）合理部署施工现场，实现文明施工。

（2）施工组织设计的编制依据

1）建设单位的意图和要求。

2）工程的施工图纸及标准图。

3）施工组织总设计对本单位工程的工期、质量和成本控制要求。

4）资源配置情况。

5）建筑环境、场地条件及地质、气象资料，如工程地质勘察报告、地形图和测量控制等。

6）有关的标准、规范和法律。

7）有关技术新成果和类似建设工程项目的资料和经验。

（3）施工组织设计的编制程序

1）收集和熟悉编制施工组织总设计所需的有关资料和图纸，进行项目特点和施工条件的调查研究。

2）计算主要工种工程的工程量。

3）确定施工的总体部署。

4）拟定施工方案。

5）编制施工总进度计划。

6）编制资源需求量计划。

7）编制施工准备工作计划。

8）施工总平面图设计。

9）计算主要技术经济指标。

（4）施工组织设计的内容

1）编制说明。

2）工程概况及特点。

3）施工部署和施工准备工作。

4）施工现场平面布置。

5）施工总进度计划。

6）各分部分项工程的主要施工方法。

7）拟投入的主要物资计划。

8）工程投入的主要施工机械设备情况。

9）劳动力安排计划。

10）确保工程质量的技术组织措施。

11）确保安全生产的技术组织措施。

12）确保文明施工的技术组织措施。

13）确保工期的技术组织措施。

14）质量通病的防治措施。

15）季节性施工措施。

16）成品保护措施。

17）创优保证措施。

18）成本控制措施。

19）回访保修服务措施。

20）施工平面总图、施工总进度图、施工网络图。

三、电气工程质量管理

随着电气安装工程施工技术的日益完善、施工管理水平的不断提高，电气安装工程施工管理也越来越趋向系统化、多样化、多层次化。电气安装工程管理涉及质量、进度、成本、安全等各个方面，能否进行有效的管理与控制将决定能否提高产品的价值、满足工期的要求、降低施工成本及确保施工的安全。决定一个工程项目实施的好坏所涉及的因素很多，主要有质量、进度、成本及施工安全，对这些因素进行系统科学、卓有成效地管理和控制将能提高各方面的效益。

1. 质量管理的定义

质量管理是指确立质量方针及实施质量方针的全部职能及工作内容，并对其工作效果进行评价和改进的一系列工作。施工过程是形成工程项目实体的过程，也是形成最终产品质量的重要阶段。所以，施工过程的质量控制是工程项目质量控制的重要环节。施工时必须坚持质量标准，做到事前、事中、事后控制。在电气系统的安装调试过程中，应严格按照图纸施工安装、准确接线；对在安装调试过程中出现的问题，应做好认真具体分析，并应及时采取相应的措施。这样才能保证电气设备的安装与调试的质量。

2. 电气工程质量管理的特点

（1）电气工程施工的隐蔽性强，管、线、盒等暗设在结构主体内，出现质量问题不易察觉，返工难度大。

（2）工序较多，周期较长。大体包括：接地→埋管→穿线→配电箱（柜）安装→照明器具安装→设备安装→避雷网（针）安装→通电试验→设备调试等。整个施工过程等于或超过主体施工过程。

（3）电气工程子系统较多。包括照明系统、动力系统、消防系统、安防监控系统、通信系统、电视接收系统、宽带网络系统等，各个子系统之间具有一定的联系，需要从整体上对电气工程的质量进行控制。

3. 影响电气工程质量的因素

（1）施工人员的影响。施工人员的技术素质和责任心对安装工程施工质量至关重要。没有与工程技术难易程度相适应的业务水平和有责任心的施工员去施工，就谈不上保证工程的质量。

（2）施工技术措施及施工机械、工具。电气安装工程施工质量要靠科学施工方法和工艺来保障，也要有能保证施工质量的机械、工具。

（3）工种之间的交叉作业。一个工程项目同时可能出现多工种交叉作业。互相之间会出现影响。

（4）电气装置本身的质量。电气装置本身的出厂质量及经过运输、保管后的质量，也直接影响着其安装工程施工质量。

除上述影响施工质量的因素外，还有一些自然的或其他人为的因素等。

4. 施工中的质量管理

（1）施工前期的质量管理

针对可能影响电气安装工程施工质量的诸多因素，必须在施工过程中的各个施工环节采取有效的管理措施，严格控制，以保证整个工程的质量。针对人的因素，在施工前，要根据工程的具体情况，合理配置相适应的施工人员，对施工班组进行优化劳动组合。针对施工项目的难易程度，要编制施工组织设计、施工方案，提出科学的施工方法和工艺，选用适当的施工机械、工具，从技术上保证施工质量管理目标的实现。

（2）施工中的质量管理

电气安装工程施工中，质量管理的重点是按图纸、施工及验收规范、施工方案施工，要严格执行质量标准，严格执行质量管理制度，严格按质量标准检查、监督。首先是通过自检、互检，在施工班组内把好质量关。根据工程进度。在各施工阶段进行质量评定工作，把出现的质量问题处理在施工中间阶段，以免留下难以处理的质量问题。在施工进行过程中，发现图纸、施工方案中在施工方法及工艺上有问题要及时变更、调整。并对施工用的电工仪表及试验器具进行定期校验，保证其精确性。

（3）施工后的质量管理

1）电气系统安装后的调试。电气调试工作的主要任务是：当电气设备的安装工作结束以后，按照国家有关的规范和规程、制造厂家技术要求，逐项进行各个设备调整试验，以检验安装质量及设备质量是否符合有关技术要求，并得出是否适宜投入正常运行的结论。

2）电气设备的试验：

① 电气设备的绝缘试验。设备绝缘试验的目的，是检验电气设备长期在额定电压下运行时的绝缘性能的可靠程度，以及在承受短时的过电压时，不至于发生有害的局部放电或造成设备的绝缘损坏。

② 电保护装置调试试验。机组在继电保护总体配置时，着重考虑最大限度地保证机组安全和最大限度地缩小故障破坏范围，尽可能避免不必要的突然停机，对某些异常工况采用自动处理，特别是要避免保护装置的错误动作和拒绝动作。因此，保护装置在调试过程中，要求做到保护装置动作的准确性、可靠性和灵活性。

③ 差动保护装置调试。差动保护装置是发电机—变压器组用于内部故障时，切除外部电源而经常采用的主要保护装置。

④ 电气装置的试运行。电气安装工程施工完成后，要进行试运行操作，试运行是对电气装置及电气装置安装工程施工质量的检验。要制定试运行操作规程，并按操作规程操作。在试运行中，要做好记录工作，及时处理运行中出现的问题，使电气装置的试运行符合图纸及技术规范的要求。电气装置试运行后通过验收移交使用单位，施工单位在保修期内要做好质量跟踪服务工作。

四、电气工程安全管理

1. 建筑安全管理

（1）安全生产管理，坚持安全第一、预防为主的方针。

（2）生产经营单位必须遵守安全生产法和其他有关安全生产的法律、法规，加强安全生产管理，建立、健全安全生产责任制度，完善安全生产条件，确保安全生产。

（3）生产经营单位应当具备安全生产法和有关法律、行政法规和国家标准或者行业标准规定的安全生产条件；不具备安全生产条件的，不得从事生产经营活动。

(4) 生产经营单位应当具备的安全生产条件所必需的资金投入，由生产经营单位的决策机构、主要负责人或者个人经营的投资人予以保证，并对由于安全生产所必需的资金投入不足导致的后果承担责任。

(5) 生产经营单位的主要负责人对本单位的安全生产工作全面负责。

(6) 生产经营单位的主要负责人和安全生产管理人员必须具备与本单位所从事的生产经营活动相应的安全生产知识和管理能力。

(7) 生产经营单位的从业人员有依法获得安全生产保障的权利，并应当依法履行安全生产方面的义务。

(8) 生产经营单位应当对从业人员进行安全生产教育和培训，保证从业人员具备必要的安全生产知识，熟悉有关的安全生产规章制度和安全操作规程，掌握本岗位的安全操作技能。未经安全生产教育和培训合格的从业人员，不得上岗作业。

(9) 生产经营单位采用新工艺、新技术、新材料或者使用新设备，必须了解、掌握其安全技术特性，采取有效的安全防护措施，并对从业人员进行专门的安全生产教育和培训。

(10) 生产经营单位的特种作业人员必须按照国家有关规定经专门的安全作业培训，取得特种作业操作资格证书，方可上岗作业。

(11) 生产经营单位新建、改建、扩建工程项目（以下统称建设项目）的安全设施，必须与主体工程同时设计、同时施工、同时投入生产和使用。安全设施投资应当纳入建设项目概算。

(12) 生产经营单位应当在有较大危险因素的生产经营场所和有关设施、设备上，设置明显的安全警示标志。

(13) 生产经营单位使用的涉及生命安全、危险性较大的特种设备，以及危险物品的容器、运输工具，必须按照国家有关规定，由专业生产单位生产，并经取得专业资质的检测、检验机构检测、检验合格，取得安全使用证或者安全标志，方可投入使用。检测、检验机构对检测、检验结果负责。

(14) 生产经营单位对重大危险源应当登记建档，进行定期检测、评估、监控，并制定应急预案，告知从业人员和相关人员在紧急情况下应当采取的应急措施。

(15) 国家对严重危及生产安全的工艺、设备实行淘汰制度。生产经营单位不得使用国家明令淘汰、禁止使用的危及生产安全的工艺、设备。

(16) 建筑施工单位，应当设置安全生产管理机构或者配备专职安全生产管理人员。

2. 电气安全管理

(1) 凡在电气专业从事电气运行、维修、安装、调试等电气工作人员均应严格遵守相应安全管理规程。

(2) 从事电气工作人员应无妨碍本工作的疾病，经过专业培训，考核合格，持有关部门颁发的电工作业操作证，才能担任电气作业和电气作业监护人工作。

(3) 电气作业人员具备必要的电气知识并学会触电急救法及电气火灾的扑救方法。

(4) 电气作业人员作业时，必须穿戴好劳动保护用品。

(5) 做好经常性的电气安全检查工作，发现问题及时消除。

(6) 在坠落高度 2m 以上工作时，须办好登高作业证并有相应的安全措施。

(7）现场要备有安全用具、防护器具和消防器材等，并定期检查。未经试验合格的一切电气安全用具禁止使用。

(8）电气设备必须有可靠的接地（接零）装置，防雷和防静电设施必须完好，每年应定期检测。

(9）变电所必须制定现场运行规程，值班人员的职责应在其中明确规定。

(10）移动电具要求专人负责保管、维修及检查，检查内容有：电具本身有无损伤，绝缘电阻是否符合要求，电源引线有无破损、老化、绝缘不良现象，导线规格是否合适，插头、插座是否齐全，有无破损，相线和保护接地的接法是否统一，金属外壳或金属支架接地是否可靠。在易燃易爆场所使用的移动电具必须采用防爆型。

(11）工作行灯的电压不允许超过36V，在特别潮湿的地方和金属容器内部等危险场所使用的行灯，应用12V电压，其电源由双圈变压器供给，并将变压器金属外壳、铁芯及二次线圈一端可靠接地。220V电源线长度不超过5m，禁止使用自耦变压器代替行灯变压器。

(12）停电、测电、验电的检修作业，必须由负责人指派有实践经验的人员担任监护，否则不准进行作业。对有两个以上供电电源的线路检修时，应采取切实可靠的措施，防止误送电。

(13）当气候条件恶劣时，应停止户外电气作业，不得已而紧急抢修的应采取可靠的安全措施。在雷雨天气需巡视室外高压设备时，巡视人员应穿绝缘靴，并不得靠近避雷装置。

第二节　电气安装工程与其他专业施工配合

建筑工程的施工是比较复杂的，它包括土建、给水排水、采暖通风、电气安装专业等。在施工中，如果某一专业或工种只考虑本身的工作，势必影响其他工种的施工，而且本专业或工种的工作也难以做好。即使在某个阶段，某一个工种受其他工种的影响不大，而且完成了任务，但将给整个建筑工程施工带来巨大损失，这种损失不仅限于工期上，有时会造成经济或质量上的损失。所以，施工中的协调配合占有十分重要的位置。电气安装工程是整个建筑工程项目的一个组成部分，与其他施工项目必然发生多方面的联系，尤其和土建施工关系最为密切，如：电源的进户，明暗管道的敷设，防雷和接地装置的安装，配电箱（屏、柜）的固定等，都要在土建施工中预埋构件和预留孔洞。随着现代化设计和施工技术的发展，许多新结构、新工艺的推广应用，施工中的协调配合就愈加显得重要。建筑工程按结构所用的材料不同，可以分为钢结构、木结构、砖石结构和混凝土结构；按受力和构造特点又可分为承重墙结构、框架结构等形式。在土建施工阶段，针对建筑结构及施工方法的基本特点采取相应的方法，充分做好电气安装的配合施工。下面仅以一般建筑工程中常见的高层现浇钢筋混凝土结构形式介绍土建施工各阶段的电气施工配合工作。

一、各阶段施工配合

1. 施工前的准备工作

在工程项目的设计阶段，由电气设计人员对土建设计提出技术要求，例如开关柜的基础型钢预埋，电气设备和线路的固定件预埋，这些要求应在土建结构施工图中得到反映。土建施工前，电气安装人员应会同土建施工技术人员共同审核土建和电气施工图纸，以防遗漏和发生差错，电气工人应该学会看懂土建施工图纸，了解土建施工进度计划和施工方法，尤其是梁、柱、地面、屋面的做法和相互间的连接方式，并仔细地校核自己准备采用的电气安装方法能否和这一项目的土建施工相适应。施工前，还必须加工制作和备齐土建施工阶段中的预埋件、预埋管道和零配件。

2. 基础施工阶段

在基础工程施工时，应及时配合土建做好强、弱电专业的进户电缆穿墙管及止水挡板的预留预埋工作。这一方面要求电专业应赶在土建做墙体防水处理之前完成，避免电气施工破坏防水层造成墙体今后渗漏；另一方面要求格外注意预留的轴线、标高、位置、尺寸、数量用材规格等方面是否符合图纸要求。进户电缆穿墙管和预留预埋是不允许返工修理的，返工后土建二次做防水处理很困难也不易，所以电专业施工人员特别留意与土建的配合。按惯例尺寸大于 300mm 的孔洞一般在土建图纸上标明，由土建负责留，这时电气工长应主动与土建工长联系，并核对图纸，保证土建施工时不会遗漏。配合土建施工进度，及时做好尺寸小于 300mm、土建施工图纸上未标明的预留孔洞及需在底板和基础垫层内暗配的管线及稳盒的施工。对需要预埋的铁件、吊卡、木砖、吊杆基础螺栓及配电柜基础型钢等预埋件，电气施工人员应配合土建，提前做好准备，土建施工到位及时埋入，不得遗漏。根据图纸要求，做好基础底板中的接地措施，如需利用基础主筋作接地装置时，要将选定的柱子内的主筋在基础根部散开与底筋焊接，并做好颜色标记，引上留出测接地电阻的干线及测试点，比如还需砸接地极时，在条件许可情况下，尽量利用土建开挖基础沟槽时，把接地极和接地干线做好。

3. 结构阶段

根据土建浇筑混凝土的进度要求及流水作业的顺序，逐层逐段地做好电管暗敷工作，这是整个电气安装工程的关键工序，做不好不仅影响土建施工进度与质量，而且也影响整个电气安装工程的后续工序的质量与进度，应引起足够的重视。现浇混凝土楼板内配管时，在底层钢筋绑扎完后，上层钢筋未绑扎前，根据施工图尺寸位置配合土建施工。注意不要踩坏钢筋。土建浇筑混凝土时，电工应留人看守，以免振捣时损坏配管或使得灯头盒移位。遇有管路损坏时，应及时修复。对于土建结构图上已标明的预埋件如电梯井道内的轨道支架预埋铁等以及尺寸大于 300mm 的预留孔洞应由土建负责施工，但电气工长也应随时检查以防遗漏。对于要求专业自己施工的预留孔洞及预埋的铁件、吊卡吊杆、木砖、木箱盒等，电气施工人员应配合土建施工，提前做好准备，土建施工一到位就及时埋设到位。配合土建结构施工进度，及时做好各层的防雷引下线焊接工作，如利用柱子主筋作防雷引下线应按图纸要求将各处主筋的两根钢筋用红漆做好标记。继续在每层对该柱子的主筋的绑扎接头按工艺要求作焊接处理，一直到高层的顶端，再用 $\phi12$ 镀锌圆钢与柱子主筋焊接引出女儿墙与屋面防雷网连接。

4. 装修阶段

在土建工程砌筑隔断墙之前应与土建工长和放线员将水平线及隔墙线核实一遍，因为它是电气人员按此线确定管路预埋的位置及确定各种灯具、开关插座的位置、标高。在土建抹灰之前，电气施工人员应按内墙上弹出的水平线（50cm 线）、墙面线（冲筋）将所有电气工程的预留孔洞按设计和规范要求查对核实一遍，符合要求后将箱盒稳住好。将全部暗配管路也检查一遍，然后扫通管路，穿上带线，堵好管盒。抹灰时，配合土建做好配电箱的贴门脸及箱盒的收口，箱盒处抹灰收口应光滑平整，不允许留大敞口。做好防侧雷的均压线与金属门窗、玻璃幕墙铝框架的接地连接。配合土建安装轻质隔板与外墙保温板，在隔墙板与保温板内接管与稳盒时，应使用开口锯，尽量不开横向长距离槽口，而且应保证开槽尺寸准确合适。电气施工人员应积极主动和土建人员联系，等待喷浆或涂料刷完后进行照明器具安装；安装时，电气施工人员一定要保护好土建成品，防止墙面弄脏碰坏。当电气器具已安装完毕后，土建修补喷浆或墙面时，一定要保护好电气器具，防止器具污染。

一个建筑物的施工质量与内装修和墙面工程有很大关系，内线安装的全面施工虽然应在墙面装饰完成后进行，但一切可能损害装饰层的工作都必须在墙面工程施工前完成。因此，必须事先仔细核对土建施工中的预埋配合、预留工作有无遗漏，暗配管路有无堵塞，以便进行必要的补救工作。如果墙面工程结束后再凿孔打洞，则会留下不易弥补的痕迹。工程施工实践表明，建筑电气安装工程中的施工配合是十分重要的，要做好配合工作，电气施工人员要有丰富的实践经验和对整个工程的深入了解，并且在施工中要有高度的责任心。

二、成品保护

配管、穿线时不得污染设备和建筑物品，应保持周围环境清洁。使用高凳和其他工具时，应注意不得碰坏设备和门窗、墙面、地面等。在接头、焊接、包扎过程全部完成后，应将导线的接头盘入盒箱内，并用纸封堵严实，以防污染。同时应防止盒、箱内进水。

桥架安装、电缆敷设，室内沿电缆桥架敷设的电缆，宜在管道及空调工程基本施工完毕后进行，防止其他专业施工时损伤电缆。装卸电缆时，不允许将吊绳直接穿电缆轴孔吊装，以防止孔处损坏。敷设电缆时，如需从中间倒电缆，必须按“8”字形或“S”字形进行，不得倒成“O”形，以免电缆受损。电缆端头处的门窗装好，并加锁，防止电缆丢失或损毁。

配电柜安装，设备在搬运和安装时应采取防振、防潮、防止框架变形和漆面受损等措施。设备运到现场后，暂不安装就位，应保持好其原有包装，存放在干燥的能避雨雪、风沙的场所。安装过程中，要注意对已完工项目及设备配件的成品保护，防止磕碰，不得利用开关柜支撑脚手板。

电气器具及配电箱安装，照明器具、配电箱进入现场后应存放整齐、稳固，并要注意防潮，搬运时轻拿轻放，以免碰坏表面的镀锌层、油漆及玻璃罩。安装照明器具时不要碰坏建筑物的顶棚、门窗和墙面。

照明器具安装完毕后不得再次喷涂，以防器具污染。加强施工现场操作人员的职业道德教育，严禁损坏已完工的建筑安装产品，如果出现应予以罚款处理，并赔偿经济损失。施工中制定措施，进行技术交底，防止损坏污染，并采取定人员、定部位、定时间、定标准的原则挂牌施工。下道工序操作人员要负责保护好上道工序的成品。电气与房建应搞好协调配合工作，共同做好成品保护工作。设备安装完成后，对安装成品进行全面保护。本工程所有设备和电器无件，均应采取防潮、防尘等措施，在设备和电气元器件外罩一层

0.2mm 厚的塑料薄膜。明敷电气管道在安装后，外包一层 0.2mm 厚的塑料薄膜，以防止灰土、水泥浆等污染。

第三节　电气“四新”技术

随着科学技术的飞速发展，在建筑行业中也有了日新月异的变化。当前的建筑市场竞争激烈，要想开拓市场站稳脚跟，谋求更大的发展，就必须依靠科技创新来增强企业实力，保证施工的关键技术、材料、工艺、设备紧跟国际发展趋势，与行业先进水平同步。

建筑电气的发展，是随着建筑技术的进步而同步发展的，尤其是信息技术（计算机技术、控制技术、数字技术、现代通信技术等）的发展，使建筑电气实现了飞跃。先进的新技术不断涌入建筑市场，使建筑电气行业取得卓越成就，比肩国际。人们也充分意识到靠增加科技含量来提高建筑电气工程质量，是降低生产成本，创造最佳效益的有效途径。所以说，推广和应用电气新技术可以更高效保质地完成工程任务，其过程也更加精益求精，加快了工程的进度，缩短了施工周期，降低了工程造价，保证了安装施工的质量，完全实现了建筑电气的稳定运行和使用功能。

运用新技术对建筑电气工程的发展具有长远的意义。随着社会的进步和科技的发展，新型的民用住宅电气技术更加倾向于安防、智能化、环保节能等多元化方向发展，领先技术的不断应用，使得许多设计理念和施工方法更加方便化、智能化、现代化。

（1）电气安防新技术。众所周知，民用建筑电气工程的安全防范与稳定运行是极其重要的。《民用建筑电气设计规范》第 7.6.1 条第 2 款规定，“配电线路采用的上下级保护电器，其动作应具有选择性，各级之间应能协调配合；对于非重要负荷的保护电器，可采用无选择性切断。”针对这一条款，国外广泛应用的 zsi（区域联锁选择性保护）技术即是一项较为新颖的技术，它有效实现上下级保护且兼具安全稳定的配合性，当发生短路故障时，即可保护电器接收到下级保护发来的故障信号后启动短延时保护；又可保护电器没有收到下级保护电器发来的故障信号，立即瞬时脱扣，快速切断故障回路。当前市场上已经有施耐德和金钟默勒等国际知名厂家在其新开发的产品中，采用 zsi 功能（即“当检测到故障的脱扣器送一个信号给上级断路器并检查下级断路器到达的信号。如果有下级断路器送过来的信号，此断路器将在脱扣延时期间保持合闸。若没有下级送过来信号，断路器将瞬时断开，不管脱扣时是否有延时”）来解决低压网络级间选择性安全配合问题。虽说国内很多用户花巨资选择了施耐德公司的 mt 系列断路器或类似档次的断路器，但限于对其功能研究和发掘的局限性，对此项技术的应用并不十分成熟。但总的来讲，zsi 技术，仅须在原基础上增加一路联锁通信线路，便可极大地改善保护配合特性，达到建筑电气安全稳定，防患于未然的效果，可谓事半功倍。所以应深入研究与推广此项技术，相信在不久的将来定会有所突破。

（2）电气智能化总线新技术。21 世纪初英国研究开发的电气智能化总线新技术，实现了行动不便人员来自行料理日常生活的梦想。此项技术将大量不同领域的技术集于一身，其中最重要的是一个基于“lusta”总线的控制系统，它可以控制遍布整栋住宅的各种设备简单易行，用一条双芯电缆把各种家电和电控设备连接到这个系统上，将各种智能产品与其他一些特有的高科技产品设计组合起来，为行动不便人创建了一个方便的生活环境。此项技术虽说智能化高、成本造价高，但在我国不是没有发展前景。比如，目前可将其引用到民用住宅公寓中或都市村庄自家所建楼房中，将其改造使用智能化总线控制系统，安装两条双线路电缆，一条在楼上，一条在楼下，并将两条线连接成一个系统，即可轻松实现改造或更新残疾人现住的家，给他们生活带来方便。虽说此项技术在我国没有广泛开发应用，但可以作为未来电气智能化技术开发研究的对象。

（3）电气环保节能新技术应用。电气节能是建筑节能的重要方面，对电气的节能应优先考虑先进的技术：地源热泵技术因其高效节能且工作性能优良，在日本、北美及欧洲等国家得到了广泛的应用，进入新世纪我国也相继在各地市建成了地源热泵工程，以一次性投入、较低的运营成本、优秀的技术保证得到业内人士的认同，成为国内建筑电气节能界的热门研究课题。在工程应用方面，地下水地源热泵系统应用最广，主要采用异井抽灌、单井抽灌技术，最大单项工程建筑面积已达 16 万 m^2，土壤源地源热泵发展最快，应用潜力最大，最大单项工程建筑面积已达 13 万 m^2，地表水地源热泵系统在城市级示范工程中单体规模最大。这种技术主要是使用热泵机组与大地进行冷热交换，通过夏季对热量进行储存以及冬季对冷气进行储存，并在反季进行能量的提取和使用。一方面在夏季，热泵机组为了给建筑物降温，通过将建筑物内的热量吸收转移到大地中，利用大地储蓄夏季的热量，等到冬季来临时，再将储存的热量进行提取和使用。另一方面，在冬季除了将夏季在大地中储存的热量提取出来供建筑物使用外，又将建筑物周围环境中的冷气进行提取，然后通过在大地中的存贮，以供来年夏季使用。这种做法很大程度上节省了不可再生能源的浪费和消耗，而是通过将四季交替中自然产生的热量和冷量，通过大地进行存储，以供反季使用。所以此项技术起到很好地节能环保功效，近年来被列入规划中做大力推广应用。此外还可以参考英国 integer 组织建造的集环保、节能、智能控制和低价格于一体的智能型家居民用建筑，尽量采用自然可再生材料（如木材等），及其他材料包括已经和可以循环使用的，如墙体绝缘材料、地板材料、玻璃、钢、铝等，基于环保的原因，尽量减少水泥的使用。当然对我们来说，这些需要结合我国的国情及当地的地质条件等因素，诸如长时间的研究和长远的实践，方可将其推广应用。

（4）其他电气工程施工的新技术、新工艺、新材料、新设备。

1）建筑智能化系统调试技术：包括建筑设备监控系统；火灾自动报警与消防联动控制系统；安全技术防范系统；住宅小区智能化系统；电源防雷与接地系统。

2）建筑企业信息化管理新技术：利用公司的网络办公平台和 ERP 信息化管理技术，做到信息资源共享、信息沟通快速有效，使项目管理的生产、经营管理模块得到有效运用；利用计算机绘制施工图、制作网络进度计划等。

3）综合布线安装技术；楼宇自控连接技术；等电位联结技术；电缆安装成套技术；电缆敷设与冷缩；热缩电缆头制作技术；配电箱箱体一次性直埋于混凝土墙体施工技术；灯头盒不填木屑直接预埋技术；体育场（馆）圆弧形管道连接技术；无梁空心楼盖板薄壁方箱电气预埋技术；预分支电缆现场安装技术；电缆穿刺线夹连接技术；矿物绝缘电缆施工技术；大型设备吊装技术等。

（5）推广应用电气新技术的措施。

电气新技术的应用对加强建筑电气工程的质量至关重要，要确保其大力应用也是重中之重，以下几点推广应用的措施：

1）施工前切实做好安装工艺、技术交底工作，落实施工方案及技术措施，确保新技术有效应用。

2）开展技术革新活动，对工程所采用的新技术、新工艺、新材料、新设备进行学习、研究、交流。必要时组织人员进行培训，项目部要列出专项资金，对新技术应用、人员组织、培训、技术攻关等提供资金保证。

3）建立技术小组，及时解决新技术安装施工中出现的疑难杂症。

随着社会的不断进步发展，将会出现更多的新技术、新设备和新材料，要勇于创新，大胆应用，并结合现代化科学管理，在建设工程施工生产中不断取得好成绩。同时，为不断推进建筑业技术进步，加大建筑业推广先进适用新技术的力度，对建筑业新技术内容也应加以调整和补充，不断适应新的生产力发展要求，实现企业的可持续发展。

第二部分

操作技能

第四章　专 业 技 能

第一节　施工图纸审核

一、电气施工图纸审核

1. 电气施工图纸审核步骤

（1）熟悉电气图例符号，弄清图例、符号所代表的内容。常用的电气工程图例及文字符号可参见国家颁布的《电气简图用图形符号》。

（2）审图主要流程如下：

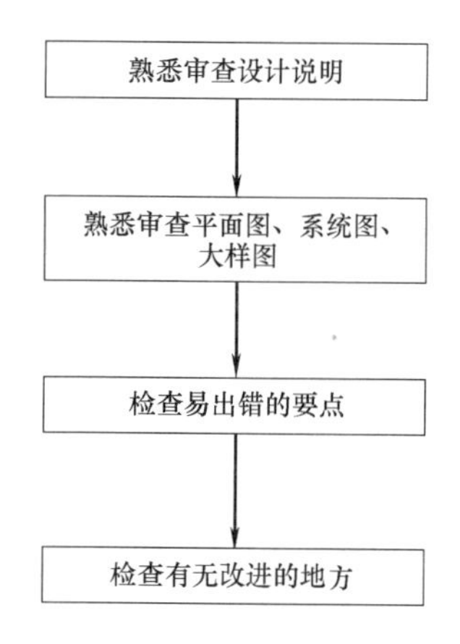

（3）审图顺序及主要步骤：

1）看标题栏及图纸目录。了解工程名称、项目内容、设计日期及图纸内容、数量等。

2）看设计说明。了解工程概况、设计依据等，了解图纸中未能表达清楚的各有关事项。

3）看设备材料表。了解工程中所使用的设备、材料的型号、规格和数量。

4）看系统图。了解系统基本组成，主要电气设备、元件之间的连接关系以及它们的规格、型号、参数等，掌握该系统的组成概况。

5）看平面布置图。如照明平面图、防雷接地平面图等。了解电气设备的规格、型号、数量及线路的起始点、敷设部位、敷设方式和导线根数等。平面图的阅读可按照以下顺序进行：电源进线、总配电箱、干线、支线、分配电箱、电气设备。

6）看控制原理图。了解系统中电气设备的电气自动控制原理，以指导设备安装调试工作。

7）看安装接线图。了解电气设备的布置与接线。

8）看安装大样图。了解电气设备的具体安装方法、安装部件的具体尺寸等。

2. 电气施工图要点

在识图时，应抓住要点进行识读，如：

（1）明确负荷等级的基础上，了解供电电源的来源、引入方式及路数。

（2）了解电源的进户方式是由室外低压架空引入还是电缆直埋引入。

（3）明确各配电回路的相序、路径、管线敷设部位、敷设方式以及导线的型号和根数。

（4）明确电气设备、器件的平面安装位置。

3. 熟悉施工顺序

熟悉施工顺序，便于阅读电气施工图。如识读配电系统图、照明与插座平面图时，应首先了解室内配线的施工顺序。

（1）根据电气施工图确定设备安装位置、导线敷设方式、敷设路径及导线穿墙或穿楼板的位置。

（2）结合土建施工进行各种预埋件、线管、接线盒、保护管的预埋。

（3）装设绝缘支持物、线夹等，敷设导线。

（4）安装灯具、开关、插座及电气设备。

（5）进行导线绝缘测试、检查及通电试验。

（6）工程验收。

4. 各图纸的相互配合审核

对于具体工程来说，为说明配电关系时，需要有配电系统图；为说明电气设备、器件的具体安装位置时，需要有平面布置图；为说明设备工作原理时，需要有控制原理图；为表示元件连接关系时，需要有安装接线图；为说明设备、材料的特性、参数时，需要有设备材料表等。这些图纸各自的用途不同，但相互之间是有联系并协调一致的。在识读时应根据需要，将各图纸结合起来识读，以达到对整个工程或分部项目全面了解的目的。

5. 图纸的审核要点

（1）设计说明

1）总说明与总体设计是否一致，总说明与分说明是否冲突。

2）人防区的管道是否为镀锌管，穿越人防门是否有警铃及报警按钮。

3）设计说明的设备安装高度、位置是否与平面图、大样图等相符。

（2）平面图

1）插座、灯具、开关、电话、电视、对讲机、门铃、集抄线有无错漏，安装位置是否合理，是否符合建筑布置。

2）是否有 SC70、SC50 等大管敷设在楼板内，造成穿梁无法通过及保护层厚度不够，是否有成排暗配管集中排列（如进竖井或集中在走廊内），造成需加厚楼板或修改安装方式。

3）暗装配电箱厚与墙厚是否匹配。

4）电话机房、信息机房等防静电地板高度是否影响开关、插座高度。

5）灯具、开关、插座的安装位置、方式、高度是否合理；与其他设施的安全距离是否符合规范要求。

6）配电箱设计位置是否合理，是否便于施工。

7）照明配电箱在动力平面图和照明平面图中位置是否一致。

8）设计的线、缆与管径有弯时是否符合规范、图集要求。

9）竖井、机房、配电间等小开间管路、线路密集的地方应注意：设计给定的预留孔洞是否满足施工要求，大规格桥架、管线考虑回转半径，分支处的施工空间，插接母线等大型线路走向、转向、相续等问题，配电箱、柜是否便于施工、维护。

10）电气图纸与土建图纸中的窗、门、后砌墙的位置、尺寸是否相符，配电箱所安墙体尺寸、结构是否符合安装要求；插接母线、裸母线等防水差的大型线路考虑与水专业管道的安全距离。

（3）系统图

1）核实所有插座回路均应设置漏电保护，图纸中是否存在未设置情况，特别是后修改的插座回路。

2）核实电气图中用电设备（如风机、水泵）等功率、位置与暖通专业是否一致，控制回路参数是否匹配，导线规格是否满足要求。

3）与弱电、消防等联动的接点是否满足要求，包括各种电动阀的电压等级要求、位置以及各电接点压力表的设置、需要参与消防联动的配电箱、柜内弱电接口的设置。

4）强电配电系统中需设置消防强切控制连接点，是否与消防系统一一对应。

5）对照平面图，察看箱、柜的位置、控制回路、所使用设备及其控制设备是否一一对应，是否合理、是否为淘汰产品，系统图与平面图标注是否相符（管径、敷设方式、线缆规格型号）。

6）设计的线、缆与管径有弯时是否符合规范、图集要求，在弯曲部位是否存在线、缆无法穿过现象。

7）控制系统图中的控制原理是否满足使用功能。

8）弱电要求的电源在强电中是否设计（楼宇自控箱、电视放大器箱、综合布线中转机柜等。

9）竖井、小配电间内的配电箱布置能否排开，门的开启方向是否与配电箱、柜交叉。

（4）接地平面图、避雷平面图、等电位联结

1）接地装置的敷设就位、连接，预埋件的敷设及焊接，接地干线的规格及敷设方式，等电位联结的位置、规格、敷设方式，避雷器的安装，设备的等电位联结或接地连接以及所使用的材料；避雷引下线的规格、敷设方式及接地电阻测试点或断接卡子的位置、标高等。

2）消防、综合布线等线槽、配管的敷设是否与其他专业发生冲突、是否合理。

3）了解专业设备的容量、位置、接线盒出口方向是否与图纸相符；了解土建是否有特殊要求，如：使用的材料（碳纤维加强、预应力等）不允许使用膨胀螺栓等。

4）等电位设计与各专业设计的进出户管位置是否相符，点位数量是否一致，同时核对进出户管的材质。

5）大型设备是否设计单独等电位联结点，如没有，与设计沟通可否增加此部分。

6）卫生间等电位箱设置位置是否合理，同时核对卫生间内其他专业管路材质是否需等电位联结。

二、根据规程、标准、规范审核施工图纸提出修改意见

电气图纸会审问题示例：

（1）卫生间的等电位如何引来？卫生间插座的接地端是否必须与LEB箱连接？

（2）泵体外壳的接地是否需要单设接地扁钢或铜线？如设，规格是多少？

（3）安全出口灯、疏散指示灯是否自带电池？

（4）电缆桥架防火处理，强电桥架如何要求？

（5）低压变电室周圈水平接地干线镀锌扁钢安装高度是多少？

（6）第8.1.2条“混凝土屋面处在女儿墙上用$\phi10$镀锌圆钢做接闪器”；而第8.1.5条“凸出屋面的非金属物加装$\phi12$镀锌圆钢作接闪器，并与屋面防雷装置连接”；电施-48“屋顶防雷平面图”中避雷网为$\phi10$的镀锌圆钢；问：应该采用哪种规格镀锌圆钢作为接闪器？

（7）接地支路与接地主干线如何连接？

（8）所有动力箱至设备间的管线是否埋地敷设？如是应伸出地面多高？

（9）由于部分房间内的灯具安装方式与是否有吊顶相冲突（如：B3-201房间，灯具为双管格栅灯暗装，而房间内无吊顶；B3-262房间，灯具为管吊式，而房间内有吊顶；B2-610房间，灯具无安装方式），请明确各房间内灯具的安装方式以及是否有吊顶。

三、工程施工进度网络图识图

1. 施工进度计划的特点

施工进度计划是工程项目管理中的重要控制目标之一。它是保证施工项目按期完成、优化资源配置、降低成本的重要措施。

总体工程施工进度计划是规划施工项目中各个单位工程或分部工程的施工顺序，开、竣工时间，以及其相互衔接关系的计划，是其他各项专业计划如劳动力计划、材料、设备、工具、资金计划的编制依据。

2. 网络计划的特点

（1）网络计划能够明确表达各项工作之间的逻辑关系。

（2）通过网络计划时间参数的计算，可以找出关键线路和关键工作。

（3）通过网络计划时间参数的计算，可以明确各项工作的机动时间。

（4）网络计划可以利用电子计算机进行计算、优化和调整。

（5）能够从许多可行方案中选出最优方案。

3. 网络计划的表示方法

网络计划的表达形式是网络图。所谓网络图指由箭线和节点组成的、用来表示工作流程的有向、有序的网状图形。网络图中，按节点和箭线所代表的含义不同，可分为双代号网络图和单代号网络图两大类。

网络计划方法的基本原理是：首先应用网络图形来表达一项计划（或工程）中各项工作的开展顺序及其相互间的关系；然后通过计算找出计划中的关键工作及关键线路；继而通过不断改进网络计划，寻求最优方案，并付诸实施；最后在执行过程中进行有效的控制和监督。

4. 双代号网络图

以箭线及其两端节点的编号表示工作的网络图称为双代号网络图。即用两个节点一根箭线代表一项工作，工作名称写在箭线上面，工作持续时间写在箭线下面，在箭线前后的衔接处画上节点、编上号码，并以节点编号 i 和 j 代表一项工作名称，如图 4-1 所示：

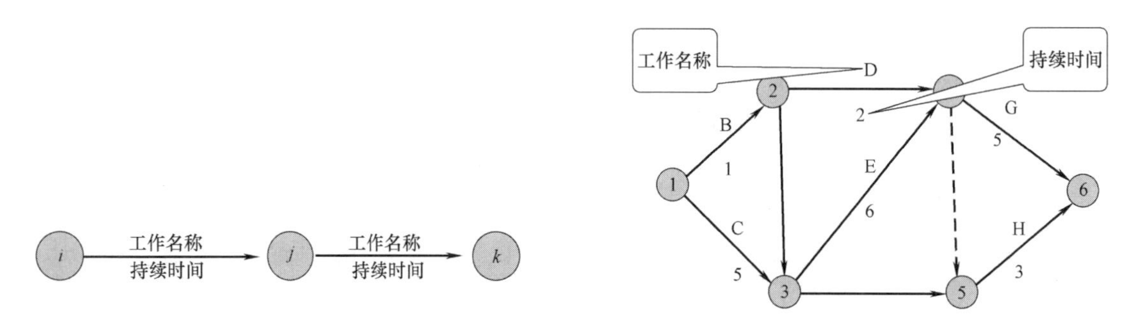

图 4-1　双代号网络图表示方法

（1）箭线

网络图中一端带箭头的实线即为箭线。在双代号网络图中，它与其两端的节点表示一项工作。箭线表达的内容有以下几个方面：

1）一根箭线表示一项工作或表示一个施工过程。根据网络计划的性质和作用的不同，工作既可以是一个简单的施工过程，如配管、穿线、配电箱柜安装、开关安装工程等；工作也可以是一项复杂的工程任务，如教学楼电气工程等单位工程或者教学楼工程等单项工程。如何确定一项工作的范围取决于所绘制的网络计划的作用（控制性或指导性）。

2）一根箭线表示一项工作所消耗的时间和资源，分别用数字标注在箭线的下方和上方。一般而言，每项工作的完成都要消耗一定的时间和资源，如砌砖墙、浇混凝土等；也存在只消耗时间而不消耗资源的工作，如混凝土养护、砂浆找平层干燥等技术间歇，若单独考虑时，也应作为一项工作对待。

3）在无时间坐标的网络图中，箭线的长度不代表时间的长短，画图时原则上是任意的，但必须满足网络图的绘制规则。在有时间坐标的网络图中，其箭线的长度必须根据完成该项工作所需时间长短按比例绘制。

4）箭线的方向表示工作进行的方向和前进的路线，箭尾表示工作的开始，箭头表示工作的结束。

5）箭线可以画成直线、折线和斜线。必要时，箭线也可以画成曲线，但应以水平直线为主，一般不宜画成垂直线。

（2）节点

网络图中箭线端部的圆圈或其他形状的封闭图形就是节点。在双代号网络图中，它表示工作之间的逻辑关系，节点表达的内容有以下几个方面：

1）节点表示前面工作结束和后面工作开始的瞬间，所以节点不需要消耗时间和资源。

2）箭线的箭尾节点表示该工作的开始，箭线的箭头节点表示该工作的结束。

3）根据节点在网络图中的位置不同可以分为起点节点、终点节点和中间节点。起点节点是网络图的第一个节点，表示一项任务的开始。终点节点是网络图的最后一个节点，表示一项任务的完成。除起点节点和终点节点的外的节点称为中间节点，中间节点都有双重的含义，既是前面工作的箭头节点，也是后面工作的箭尾节点。

（3）节点编号

网络图中的每个节点都有自己的编号，以便赋予每项工作以代号，便于计算网络图的时间参数和检查网络图是否正确。

1）节点编号必须满足两条基本规则：其一，箭头节点编号大于箭尾节点编号，因此节点编号顺序是：箭尾节点编号在前，箭头节点编号在后，凡是箭尾节点没编号，箭头节点不能编号；其二，在一个网络图中，所有节点不能出现重复编号，所编号码可以按自然数顺序进行，也可以非连续编号，以便适应网络计划调整中增加工作的需要，编号留有余地。

2）节点编号的方法有两种：一种是水平编号法，即从起点节点开始由上到下（自下而上、自中而上而下等）逐行编号，每行则自左到右按顺序编号，如图 4-2 所示。另一种是垂直编号法，即从起点节点开始自左到右逐列编号，每列则根据编号规则的要求进行编号。

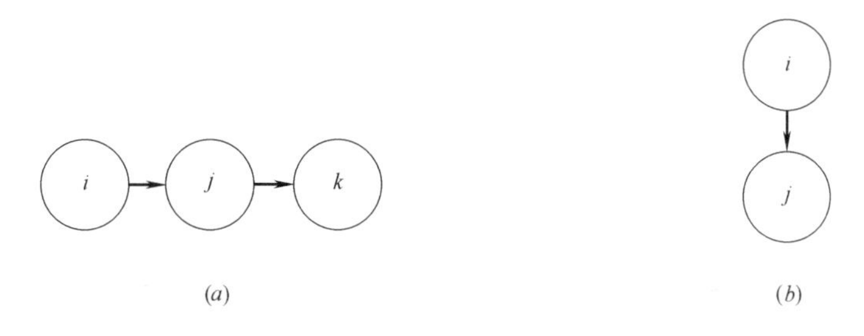

图 4-2　节点编号方法

（a）水平编号法；（b）垂直编号法

（4）线路

网络图中从起点节点开始，沿箭头方向顺序通过一系列箭线与节点，最后达到终点节点的通路称为线路。一个网络图中，从起点节点到终点节点，一般都存在着许多条线路，如图 4-3 中有四条线路，每条线路都包含若干项工作，这些工作的持续时间之和就是该线路的时间长度，即线路上总的工作持续时间。

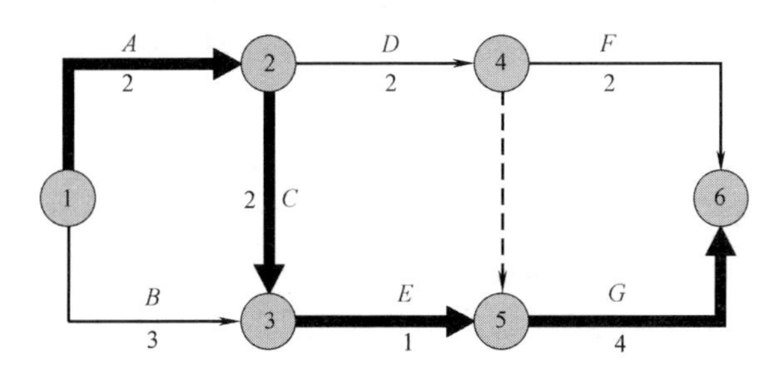

图 4-3　网络图线路

线路上总的工作持续时间最长的线路称为关键线路。如图 4-3 所示，线路 1—2—3—5—6 总的工作持续时间最长，即为关键线路。其余线路称为非关键线路。位于关键线路上的工作称为关键工作。关键工作完成快慢将直接影响整个计划工期的实现。一般来说，一个网络图中至少有一条关键线路。关键线路也不是一成不变的，在一定的条件下，关键线路和非关键线路会相互转化。

5. 单代号网络图

以节点及其编号表示工作，以箭线表示工作之间的逻辑关系的网络图称为单代号网络图。即每一个节点表示一项工作（工序、作业、活动等），节点所表示的工作名称、持续时间和工作代号等标注在节点内，节点可以用圆圈或方框表示，如图 4-4 所示

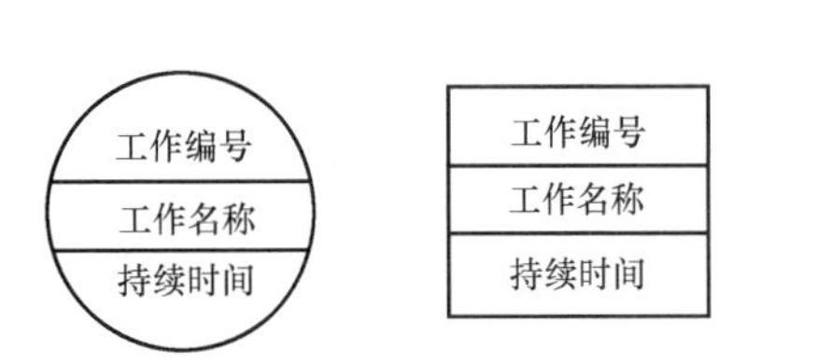

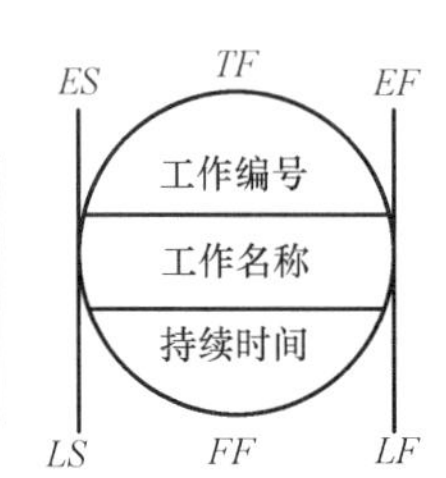

图 4-4　节点的表示方法

第二节　施工项目工料预算

一、按施工图纸编制施工项目的工、料预算

1. 施工图预算的概念

施工图预算是施工图设计完成后，根据施工图纸、建筑工程预算定额（或综合预算定额）、间接费定额、建筑材料预算价格和工程造价管理的有关规定等资料，确定的单位工程、单项工程及建设项目建筑安装工程造价的技术和经济文件。在我国，施工图预算是建筑企业和建设单位签订承包合同和办理工程结算的依据；也是建筑企业编制计划、实行经济核算和考核经营成果的依据。

编制施工图预算的目的是按计划控制企业劳动和物资消耗量。它依据施工图、施工组织设计和施工定额，采用实物法编制。施工图预算是施工企业编制施工计划和统计完成工作量的依据。施工企业对所承担的建设项目施工准备的各项计划（包括施工进度计划、材料供应计划、劳动力安排计划、机具调配计划、财务计划等）的编制，全部是以批准的施工图预算为依据的。

2. 施工图预算的内容

（1）分层、分部位、分项工程的工程量指标。

（2）分层、分部位、分项工程所需人工、材料、机械台班消耗量指标。

（3）按人工工种、材料种类、机械类型分别计算的消耗总量。

（4）按人工、材料和机械台班的消耗总量分别计算的人工费、材料费和机械台班费，以及按分项工程和单位工程计算的直接费。

3. 施工图预算的编制依据

（1）施工图纸及说明书和标准图集。

（2）现行预算定额及单位估价表、建筑安装工程费用定额、工程量计算规则。企业定额也是编制施工图预算的主要依据。

（3）施工组织设计或施工方案、施工现场勘察及测量资料。

（4）材料、人工、机械台班预算价格、工程造价信息及动态调价规定。在市场经济条件下，为使预算造价尽可能接近实际，各地区主管部门对此都有明确的调价规定。

（5）预算工作手册及有关工具书。

（6）工程承包协议或招标文件。它明确了施工单位承包的工程范围，应承担的责任、权利和义务。

4. 施工项目的工、料预算的计算要点

（1）防雷接地

防雷接地系统中，涉及接地极制作安装、基础底板防雷焊接、接地母线敷设、避雷针制作安装、避雷网安装、均压环焊接、卫生间等电位、外窗接地跨接、引下线、测试卡子安装、接地端子箱安装等，主要注意事项：

1）首先必须熟悉图纸，了解设计意图，看懂图纸非常关键，这也是准确计算工程量的前提，特别是对图纸说明的理解。比如基础接地焊接，有些工程是利用护坡桩作接地极，有些是利用圈梁作接地极，而更多的工程是利用底板钢筋作接地极，情况不同套用定额不同，所以不能盲目的计算。

2）图纸上一般并不标明哪些地方需要做避雷针，但实际当中却需要。如屋顶冷却塔、冷水机组、大型的金属外壳设备等，利用圆钢或镀锌钢管制作，并套用安装（必要的时候另套用拉线安装）。对图纸上标明避雷针型号的一定要留意，成品避雷器支架一般应单独计取，如果综合价材料包含则不再考虑，套用安装。

3）卫生间等电位，应分别对管线（一般采用 PVC20 管，以延长米计算）、接地端子箱数量以及跨接多少处等进行统计，特别要注意的是要单独计算接线盒以及接线盒盖的数量。

4）均压环分材质（利用钢筋还是单独敷设型钢），按照延长米计算，如果是采用型钢，则套用接地母线暗敷设。

5）注意屋面明装避雷带的水泥墩的统计，以及此部分避雷带与女儿墙上明装避雷带要分开考虑。

6）室外接地母线是否需要铺设沥青绝缘层防腐。如果图纸不明确，则后期需要时，可以通过洽商明确，但一定要注意原图纸不明确，属后增加内容。

7）接地端接卡子定额已包含一个接线箱的价格。

8）外窗及幕墙接地、配电室接地等，先落实施工范围，注意每个窗户需要做两处接地。

（2）配管配线

统计管道延长米时，必须将线盒一并考虑，严格来说，应将灯位盒与开关盒分开。但对于使用清单报价的项目，线盒不需要单独计算，因为管道敷设项目中已综合考虑了此部分费用。暗配管的延长米应按照最近路径计算，但明配管包括吊顶内的配管应考虑横平竖直来计算延长米。电气图纸一般理解只是示意图，设计往往对现场实际情况考虑不周，造成管道无法按照图纸敷设，如躲避基础、洞口或高地垮位置施工等。

横截面积大于或等于 10mm^2 的导线必须同时考虑铜焊压接线端子的统计。

(3) 配电系统内的封闭式母线、配电箱、柜部分

1) 封闭式插接母线：按照导体电流大小，分水平、垂直两种情况，按延长米计算。垂直安装的弹簧支撑已包含在定额子项中，不再单独计算，但固定母线的支吊架按公斤计算，执行金属支架的制作安装。

2) 配电箱、柜：落地柜安装，基础槽钢按延长米计算；设备如屋面风机等就地控制箱（按钮箱）安装，必须结合实际相应考虑固定支架，而不能够单单套用箱体安装。

3) 线槽、母线支架用钢管。

(4) 灯具计量

灯具统计一般较为简单，问题多出在楼梯间灯具的统计。一般图纸不能表述清楚是否为三跑或更多跑楼梯，相应影响了灯具的直观统计。计算必须结合土建楼梯间的剖面图加以考虑，以确保灯具数量的准确。

灯具、开关、插座等必须分层、分部位（特别是当筒灯与吸顶灯不容易区分时）、分栋号统计，以便于核实。由顶板至灯具的导线、软管灯全部含在灯具安装中。

(5) 线槽计量

统计线槽或办理线槽变更时，必须分清是否加设扁钢、是否做防火处理。线槽的变化必然带来电缆、导线的调整。多数工程电气竖井内只明确了垂直干线桥架大小，而从干线桥架至配电箱、柜之间的部分则很模糊，所以首先需要确定竖井内到底采用钢管还是桥架，然后才能进行计算。通常情况下，对于由干线桥架至配电箱、柜之间既有进线，又有出线，且回路较多或者只有进线，而进线电缆规格较大时，应尽可能地考虑采用桥架。

(6) 电缆

1) 配电室内低压配电柜出线电缆计算。

有电缆夹层或电缆沟时的下出线，按照电缆夹层桥架安装高度或电缆沟电缆支架高度计算夹层或电缆沟内电缆垂直高度（计算至配电柜底部）。有夹层时，每根电缆在柜下按预留 2m 考虑；有电缆沟的，按照 1.5m 预留，地面以上部分按照柜高（一般为 2.2m）+1m 计算。

采用桥架上出线，水平部分按照图纸计算至配电柜顶部、垂直部分按线槽安装高度计算、预留按照 1m（一般柜宽 1m）+2m 计算。

2) 电气竖井内电缆计算。

除非图纸明确或特殊原因，竖井内由竖向干线桥架至配电箱、柜之间的电缆，水平敷设高度按照距地 2.5m 考虑。配电箱进出线电缆垂直算至 1.4m，另外考虑 1.5m 预留量；落地柜则算至地面，另外考虑 1m 预留量。

3) 水平部分电缆计算。

桥架内电缆，每经过一个 90°弯，按照增加 0.5m 电缆考虑，总长再考虑 2.5%的波形系数。

二、按施工图纸编制施工项目简要施工方案

1. 方案编制的基本内容

(1) 编制依据。

（2）工程概况。

（3）施工部署。

（4）施工准备。

（5）主要分项工程施工方法。

（6）主要管理措施。

2. 方案编制的基本要求及要点

（1）填写编制依据的基本要求

在编制依据这一章，应详细列出用于本项目的合同、施工图、主要图集、主要规范（规程、标准）、主要法规及其他相关文件清单（现场条件、公司管理文件、现场情况等）。以列表形式表达，见表4-1～表4-4）。在填写相关内容时，应注意图集、规范、法规和文件的有效性。

1）合同示意见表4-1。

合同示意表格 **表4-1**

合同名称	编号	签定日期
北京市建设工程施工合同	京合同第	

2）施工图示意见表4-2。

施工图示意表格 **表4-2**

图纸名称	图纸编号	批准日期
强电		
弱电		

3）主要图集（结合项目情况，按照公司规范清单选择）见表4-3。

图集示意表格 **表4-3**

类别	名称	编号
国家		
行业		
地方		

4）主要规范、规程、标准（结合项目，按照公司规范清单选择）见表4-4。

规范示意表格 **表4-4**

类别	名称	编号
国家		
行业		
地方		

5）主要法规。

6）其他。

（2）填写工程概况的基本要求

在这一章，应该介绍清楚参与本项目施工管理的相关单位和机电专业的基本设计情况及特点。采用表格形式列出。

1）工程概况：

在工程概况中，应简明扼要地说明工程的主要技术参数和参与本工程施工管理的各相关单位，见表4-5。

工程概况示意表格 **表4-5**

序号	项目	内容
1	工程名称	
2	工程地点	
3	建筑功能	
4	建筑面积	
5	层数	
6	建筑高度	
7	结构型式	
8	建设单位	
9	设计单位	
10	监理单位	
11	施工单位	
12	合同工期	
13	合同质量目标	

2）机电专业概况。

以往我们多是将图纸说明中的各系统简介摘抄在这一部分，但这样并不能真正将专业情况介绍清楚。今后在编写这部分内容时，希望方案编制人员不要局限于图纸说明，也可以用自己的语言描述，不一定要很多文字，只要将该工程机电各专业所包含的系统、各系统采用的主要材料设备、管材敷设方式等内容介绍清楚，让人看后能真正对这个工程的专业情况一目了然，心中有数即可。

（3）施工部署基本要求

1）项目经理部组织机构。必须绘制项目经理部组织机构图框。人员分工和职责以附件的形式给出。

2）施工部署的总原则、总顺序。总原则是指为实现合同质量、工期目标，项目整体施工安排中的空间、时间等要求，以及施工流水、施工组织的总体介绍。总顺序是指各分项、分部工程施工安排之间的逻辑关系。采用流程图的形式进行表达。

3）工程目标。包括质量方针、质量目标、工期目标、安全目标、文明施工目标、科技管理目标。

4）施工进度计划：

① 介绍本项目施工进度计划编制的原则。

② 提出本工程关键线路、各分部、分项工程的开始、完成时间。对有人防、消防、电梯安装等应列出其计划验收时间等。

③ 对主要分项、分部的施工日期进行统计。以表格的形式表达。

5）各种资源使用量计划：

① 主要劳动力计划。以列表的形式，分专业、工种提出劳动力使用计划，见表 4-6。

劳动力使用计划示意表格 **表 4-6**

	施工配合阶段	正常施工阶段	调试阶段
焊工			
电工			

而且不限于此，应结合项目特点提出，必须绘制劳动力动态曲线图。

② 主要施工机械选用计划，见表 4-7。

施工机械选用计划示意表格 **表 4-7**

序号	名称	型号	单位	数量	进场时间

③ 其他重要资源、设备的进场计划。比如大型设备的进场计划。

（4）施工准备基本要求

施工准备涉及以下四方面内容：

1）技术准备。

2）劳动力的配备。

3）机具准备。

4）物资准备。

（5）主要分项工程施工方法基本要求

依据施工顺序按以下内容编写：

1）作业条件。

2）所需机具。

3）工艺流程。

4）施工方法（用 CAD 绘制节点做法详图）。

5）主控项目或关键部位施工的保证措施。

6）应达到的验收标准。

7）成品保护措施。

8）安全环保措施。

施工方法的编写依据工艺流程，分步骤说明怎样施工。主控项目保证措施、成品保护措施、安全环保措施要求写明具体办法而非规定要求。工程中未涉及内容方案中不要出现。

举例：以灯具安装为例。

1. 作业条件

（1）屋顶、楼板施工完毕，无渗漏。

(2) 顶棚、墙面的抹灰、室内装饰涂刷及地面清理工作已完成，门窗齐全。

(3) 有关预埋件及预留孔符合设计要求。

(4) 相应回路管线敷设到位、穿线检查完毕。

2. 主要机具

(1) 手电钻、电锤、压线帽专用压线钳、常用电工工具、大功率电烙铁。

(2) 铅笔、卷尺、锯弓、锯条、纱线手套、人字梯。

(3) 数字式万用表。

3. 工艺流程

灯具检查 → 组装灯具 → 灯具安装及接线 → 通电试运行

4. 施工方法

按照工艺流程分步说明，此部分应重点编写。

(1) 灯具检查：按照装箱清单清点安装配件是否齐全；检查厂家的有关技术文件。

是否齐全；检查灯具的外观是否正常。

(2) 组装灯具：根据工程实际的情况分类说明灯具的组装方法。

(3) 灯具安装及接线：分类说明灯具的安装方法。

(4) 通电试运行：灯具安装完毕后，经绝缘测试检查合格后，方可通电试运行。

通电后应仔细检查灯具的控制是否灵活、准确；开关与灯具控制顺序是否对应，灯具有无异常噪声。

5. 主控项目保证措施

如局部有灯具安装低于2.4m的，需加保护地线或零线。

安全出口灯安装高度应高于2m。

6. 应达到的验收标准（略）

7. 成品保护措施

灯具安装完毕后，派专人看守等。

8. 安全环保措施

严禁两人同在一个梯上作业；施工现场工完料清。

(6) 主要施工管理措施基本要求（用最精炼的语言表达出来）

1) 质量保证措施。包括项目质量保证体系；质量管理程序；质量控制制度、措施。

2) 工期保证措施。

3) 技术管理保证措施。包括新材料、新技术的应用，计算机管理等项措施、技术管理。

4) 安全及职业卫生与健康保证措施。结合项目特点提出目标、组织保证体系、管理制度、控制重点、针对重点事项的技术与管理措施。

5) 消防、保卫措施。现场消防、保卫管理小组；消防、保卫服务范围；消防安全制度；消防安全技术措施；现场保卫措施。

6) 文明施工管理措施。包括文明施工领导小组；文明施工管理措施。

7) 环境保护措施。现场环保领导小组；项目环境保护重点控制因素的措施（建筑施工中防止大气污染、水污染、噪声污染等措施）；协调政府及周边居民关系措施。

对于室内空气质量控制，创建环保健康工程的措施。

第三节　变压器、电动机试验

一、变压器现场交接试验

1. 电力变压器的试验项目

(1) 绝缘油试验或SF6气体试验。

(2) 测量绕组连同套管的直流电阻。

(3) 检查所有分接头的电压比。

(4) 检查变压器的三相接线组别和单相变压器引出线的极性。

(5) 测量与铁芯绝缘的各紧固件(连接片可拆开者)及铁芯(有外引接地线的)的绝缘电阻。

(6) 非纯瓷套管的试验。

(7) 有载调压切换装置的检查和试验。

(8) 测量绕组连同套管的绝缘电阻、吸收比或极化指数。

(9) 测量绕组连同套管的介质损耗角正切值 $\tan\delta$。

(10) 测量绕组连同套管的直流泄漏电流。

(11) 变压器绕组变形试验。

(12) 绕组连同套管的交流耐压试验。

(13) 绕组连同套管的长时感应电压试验带局部放电试验。

(14) 额定电压下的冲击合闸试验。

(15) 检查相位。

(16) 测量噪声。

2. 各类变压器的试验项目

(1) 容量为1600kVA及以下油浸式电力变压器的试验,按第(1)、(2)、(3)、(4)、(5)、(6)、(7)、(8)、(12)、(14)、(15)款的规定进行。

(2) 干式变压器的试验,可按第(2)、(3)、(4)、(5)、(7)、(8)、(12)、(14)、(15)款的规定进行。

(3) 变流、整流变压器的试验,可按第(1)、(2)、(3)、(4)、(5)、(7)、(8)、(12)、(14)、(15)款的规定进行。

(4) 电炉变压器的试验,可按第(1)、(2)、(3)、(4)、(5)、(6)、(7)、(8)、(12)、(14)、(15)款的规定进行。

(5) 分体运输、现场组装的变压器应由订货方见证所有出厂试验项目,现场试验标准执行。

3. 变压器投入试运行前检查

变压器到达现场后,应及时作下列验收检查:

(1) 包装及密封应良好。

(2) 开箱检查清点,规格应符合设计要求,附件、备件应齐全。

(3) 产品的技术文件应齐全。

(4) 按相关规范要求作外观检查。

4. 施工要求及注意事项

(1) 变压器到达现场后安装前的保管应符合相关规范要求。

(2) 变压器安装施工图、安装施工方案必须报建设及监理方同意方可进行安装。

(3) 变压器安装时，按照经建设方及监理同意的方案和图纸进行安装。

(4) 变压器安装后在试运行前，应进行全面检查，确认其符合运行条件时，方可投入试运行。

5. 验收时应移交的资料和文件

(1) 设计实际施工图。

(2) 设计的证明文件。

(3) 制造厂提供的产品说明书、试验记录、合格证件及安装图纸等技术文件。

(4) 安装技术记录、检查记录、干燥记录等。

(5) 试验报告。

(6) 备品备件移交清单。

二、电动机现场交接试验

1. 电动机的验收及分析

电动机的验收试验具体如下：

(1) 电动机空载转动检查和空载电流测量试验。

(2) 测量电极绕组的绝缘电阻及吸收比。

(3) 电动机绕组相对地绝缘电阻试验。

(4) 电动机的定子绕组的直流耐压试验和泄漏电流量。

(5) 电动机定子绕组的交流耐压试验。

(6) 绕组式电动机转子绕组的交流耐压试验。

(7) 同步电动机转子绕组的交流耐压试验。

(8) 测量可变电阻器、起动电阻器、灭磁电阻器的绝缘电阻。

(9) 测量可变电阻器、起动电阻器、电阻器直流电阻。

2. 三相异步电动机的空载电流试验

(1) 对电机空载电流大小的确定

可按以下内容实行：

1) 电动机的空载电流一般是其额定电流的 1/3。

2) 4 或 6 极电动机的空载电流是电动机额定容量千瓦数的 0.8 倍。

3) 新系列、大容量、极数偏小的 2 级电机，其空载电流计算按“新大极数少六折”。

4) 对旧的、老式系列、较小容量、极数偏大的 8 极以上电动机，小极多千瓦数，即其空载电流近似等于容量的千瓦数，但一般小于千瓦数。

(2) 测量仪器

钳形电流表。

(3) 步骤

1) 检查钳形电流表是否完好，按下手柄，看钳口是否能够灵活开起。

2）接通电动机，让其工作一段时间。

3）根据电机铭牌示数确定空载电流，依此选择合适的量程。

4）测量时，应使测量导线处于钳口的中央，并使钳口闭合精密，以减少误差。

5）测量完毕，要将量程分档旋钮放在最大量程位置上，以免下次测量时，由于未选择量程而损坏仪表。

（4）注意事项

1）被测电路的电压要低于钳形电流表的额定电压。

2）测高压线路的电路时，要戴绝缘手套、穿绝缘鞋、站在绝缘垫上。

3）钳口要闭合紧密，不能带电转换量程。

4）量程应选择合适，选量程时应先大后小或看铭牌估算。

5）兆欧表的选择见表4-8。

兆欧表的选择 **表4-8**

设备工作电压(V)	兆欧表电压等级(V)
10000以上	5000
10000以下～3000	2500
3000以下～500	1000
500以下～100	500
100以下	250

3. 相对地绝缘电阻测试

（1）将电动机退出运行（大型电动机在退出运行后要进行放电）。

（2）验明无电后拆去原电源线。

（3）将兆欧表的E端测试线接到电动机外壳（例如端子盒的螺孔处），将兆欧表的L端测试线接到电动机绕组任一端（接线端上原有连接片不拆）。

（4）摇动摇把达到每分钟120转，到一分钟内读取读数，必要时应记录绝缘电阻值及电动机温度。

（5）撤除L端接线后停止摇表，并放电。

4. 相间绝缘电阻测试

（1）对地绝缘测试后放电。

（2）拆去电动机接线端上原有的连接片。

（3）将兆欧表的E端和L端测试线各接一相绕组。

（4）摇动摇把到每分钟120转，一分钟时读取读数（必要时应记录绝缘电阻值及电机温度）。

（5）撤除L端接线后停止摇表，并放电。

（6）测另外两个绕组间的绝缘，共三次（每次测后均都要放电）。

（7）判断：不论对地绝缘还是相间绝缘，其合格值要求如下：

1）对于新电动机用1000V兆欧表（交接试验），其绝缘应不小于1MΩ。

2）对于运行过的用500V兆欧表电动机（预防性试验），其绝缘电阻值应不小于0.5MΩ。

5. 注意安全问题

（1）正确地选表并作充分的检查。

（2）被测电动机必须退出运行后放电，按照测试电容器的方法摇测，每次测后要放电，并验明无电压。

（3）每次摇测前后要进行人工放电。

（4）测试时，注意与附近带电体的安全距离（必要时应设监护人）。

（5）人体不得接触被测端，不得接触兆欧表上裸露接线端。

6. 绕组直流电阻测试方法

（1）直流伏安法

测量电源采用电池或其他电压稳定的直流电源，为了保护电压表可串联一按钮开关。测量时，应先关闭电源开关，当电流稳定后，再按下按钮开关，接通电压表，测量绕组两端电压。测量后随即松开按钮开关，使电压表先行断开，以防在电源断开的绕组产生自感电动机损坏电压表。

为了保护足够精度的灵敏度，电流要有一定的数值，但又不能超过绕组额定电流的20%，并应尽快同时读数，以免被测绕组发热影响测量准确度。

测量小电阻时，考虑电压表的分路电流，被测绕组的直流电阻为：

$$r=U/(I-U/rv)$$

若不考虑电压表的分流，则 $r=U/I$，计算值比实际电阻值稍小。绕组电阻越小，分路电流越小，误差则越小。

测量大电阻时，考虑到电流表内阻 rA 上的电压降，被测绕组的电阻为：

$$r=(U-rAI)/I$$

若不考虑电流表的内阻压降，则 $r=U/I$，计算值中包括了电流表的内阻，假如比实际的电阻值稍大。绕组电阻越大，电流表内阻越小，误差越小。

相应从不同的电流值测量电阻三次，取三次的平均值作为绕组的直流电阻。

（2）电桥法

采用电桥法测量电阻时，究竟采用单臂电桥还是双臂电桥，取决于被测绕组的大小和精度要求。但绕组电阻值小于 1Ω 时，则采用双臂电桥，因为单臂电桥测得的数值中，包括了连接线与接线柱的接触电阻，这给低电阻的测量带来了误差。

用电桥测量电阻时，应先将刻度盘旋转到电桥大致平衡的位置，然后按下电池按钮接通电流、待电桥中电流达到稳定后，方可接通电流计，测量完毕后，应先断开电流计，再断开电源，以免电流计受到冲击。

7. 耐压试验

（1）耐压试验方法

先做直流耐压试验，就是做绕组的绝缘阻值是否符合要求，如果不符合要求但不会对绕组造成击穿或损坏。假如先做交流耐压试验的话，一旦绕组绝缘不符合要求时，就对绕组击穿或烧坏绕组，这样就造成不可修复的局面，那么再做直流耐压试验就没意义了。

一般情况下，应该先做直流耐压试验，再做交流耐压试验，如果直流耐压试验正常，交流耐压试验就没问题。

（2）直流耐压试验注意事项

1）对电气设备进行直流耐压试验，须一人接线，另一人查对，确认接线无误后，方可进行试验。

2）所使用的微安表如处于高压接线时，须有良好的屏蔽，高压引线用屏蔽线，试验电缆用屏蔽罩。

3）无专用试验装置时，试验电容量小的被试物，应加滤波电容器。

4）在半波整流装置中，必须注意整流管的最大使用电压不得超过额定反峰值电压的一半。

5）使用硅管作倍压整流时，应注意硅管极性。

6）高压测量用微安表应配备保护装置，保护用的电容器应绝缘良好，不应有漏电现象。

7）做直流耐压试验，导电回路中应接保护电阻，试验完毕应经电阻放电，必要时对附近设备也应放电或预先短接。

8）对于能分相进行试验的设备，必须分相进行，以便比较判断各相的试验结果。

第四节　复杂电气控制设备的安装调试

一、数控设备、机电一体化设备电气装置安装调试

数控设备的安装、调试和验收是设备前期管理的重要环节。当设备运到后，首先要进行安装、调试，并进行试运行，精度验收合格后才能交付使用。

1. 一般数控设备的安装步骤

（1）开箱核查，数控设备到位后，设备管理部门要及时组织设备管理人员、设备安装人员，以及各采购员等开箱检查。检验的主要内容是：

1）装箱单；

2）校对应有的随机操作、维修说明书、图样资料、合格证等技术文件；

3）按合同规定，对照装箱单清点附件、备件、工具的数量、规格及完好状况；

4）检查主机、数控柜、操作台等有无明显碰撞损伤、变形、受潮、锈蚀等，并填写“设备开箱验收登记卡”存档。开箱验收如果发现货物损坏或遗漏，应及时与有关部门或外商联系解决。尤其是进口设备，应注意索赔期限。

（2）安装前的准备工作。认真阅读理解设备安装方面资料，了解生产厂家对设备基础的具体要求和组装要求，做好安装前的准备工作。

（3）部件组装。设备组装前要把导轨和各滑动面、接触面的防锈涂料清洗干净，把各部件，如数控柜、电气柜、机械手等组装成整机。组装时必须使用原来的定位销、定位块等定位元件，以便保证调整精度。

（4）油管、气管的连接，根据设备说明书中的电气接线图和气、液压管路图，将有关电缆和管道按标记一一对号接好。连接时特别要注意可靠的接触及密封，否则试机时，漏油、漏水，给试机带来麻烦。电缆和管路连接完毕后，做好各管线的固定，安装防护罩壳，保证整齐的外观。

2. 开机调试注意事项

（1）检查电线进口处有无损伤，而引起电源接地、短路等现象。

(2) 熔断器有无烧损痕迹。

(3) 检查配线、电气元件有无明显变形损坏或过热、烧焦和变色而出现臭味。

(4) 限位开关、继电保护、热继电器是否动作。

(5) 断路器、接触器、继电器等的可动部分，动作是否灵活。

(6) 可调电阻的滑动触电，电刷支架是否有窜动而离开原位。

(7) 导线连接是否良好，接头有无松动或脱落。

(8) 对故障部分导线、元件、电机等万用表进行通断检查。

(9) 用兆欧表检查电动机、控制线路的绝缘电阻，通常不小于0.5MΩ。

3. 通电前的准备

(1) 按照设备说明书的要求给设备润滑油箱、润滑点灌注规定的油液或油脂，清洗液压油箱及过滤器，灌足规定标号的液压油，接通气源等。

(2) 通电前的电气检查。线路检查的思路及步骤。根据电路图、按照各模块电路的电路连接、依次检查线路和各元件的连接。注意：

1) 变压器的初、次级。

2) 开关电源的接线。

3) 继电器、接触器的线圈触点的接线位置。

(3) 通电步骤，设备通电操作可以是一次同时接通各部分电源全面通电，也可以各部分分别通电，然后再做总供电试验。对于大型设备，为保证更加安全，应采取分别供电。

1) 三相电源总开关的接通，检查电源是否正常。

2) 检查电源是否正常，观察电压表、电源指示灯。

3) 依次接通各断路器，检查电压。

4) 检查开关电源的入线及输出。

5) 发现问题，在未解决之前，严禁进行下一步试验。

6) 通电正常后用手动方式检查各基本运动功能。

二、人工彩色音乐喷泉电气控制设备安装调试

1. 喷泉设备的加工和安装

(1) 喷泉水池铺装施工完成后，达到喷泉安装条件。

(2) 管路预埋已经完成，检查井完成后，达到穿线施工的条件。

(3) 提供喷泉所必备的临时用水、用电条件。

2. 确定施工临时水源、电源（略）

3. 施工步骤

(1) 组织选料⟶厂内制作⟶现场施工安装（管道安装、电气配线、电机安装、灯光安装、喷头安装、控制系统安装）⟶调试交付。

1) 组织选料备料：精心选购甲方认可的、合格的优质材料，确保优质工程。

2) 厂内制作：熟悉施工图纸，精心制作，发现施工图纸上与实际不符之处及时提出。

3) 现场施工安装：设备材料进场验收，然后按照图纸施工安装。

4) 设备调试：设备施工安装完毕，方可进行设备调试，在调试过程中如发现与设计

效果不符之处及时调整。

（2）管道施工：

管道制作安装：焊接前，除检查切口平整度外，对管壁厚度大于或等于3mm的管子，应对管端加工u形坡口。对口是管道焊接连接的重要操作环节，直接影响管道焊接质量及安装的平直度，管子对口应按规定留有对口间隙。管子对口后，应立即电焊使初步固定，并应检查对口的平直度，发现错口偏差过大时，应打掉焊点重新对口。点焊时，每个接口至少点焊3～5处，每处点长度为管壁厚度的2～3倍，点焊逢的高度不超过管壁厚度的10%。焊接时，应将管子支撑牢固，不得使管子在悬空或受有外力情况下施焊，凡可转动的管子应转动焊接，尽量减少死口仰焊，应分层施焊，并使每层焊缝厚度均匀，各层间焊缝搭接缝错开，焊缝焊接后应使其自然冷却，不得浇水骤冷，以免焊缝脆裂。焊缝质量外观检查，表面应平整，宽度、加强面高度应均匀一致，无明显肉眼可见的咬肉、未熔合、未焊透、夹渣、气孔、焊瘤、裂纹、熔合性飞溅等缺陷，即为外观检查合格，焊缝的无损检查按规范执行。

（3）设备安装：按照施工图纸确定水泵和喷头的位置，画线、定位。

1）按照设计图纸和施工图集，在施工现场拼装、组对，地面要平整。

2）火焊切割后，将焊接接口处用角磨机打磨光滑。

3）安装的位置要正确，埋设要平整牢固。

4）管架与管道接触要紧密，固定要牢固。

5）滑动支架应灵活，滑托与滑槽两侧间应留有3～5mm的间隙，并留有一定的偏移量，使管道在管架上滑动时不被卡住。

6）支架上的管道中心线距墙宽度，要符合设计要求。

7）固定在建筑物结构上的管架，不能影响和改变建筑物的结构。

4. 设备安装调试

（1）现场设备安装

1）管道安装前应清扫管膛、主管要水平、立管要垂直并固定主管线，管路刷防锈漆前应先除去腐锈和焊渣，水泵安装应牢固稳定。

2）灯光安装：灯具定位，制作安装灯卡子，固定灯具。

3）电缆的敷设及防水连接：泵和灯的电缆按规定走线，以减少水下接头为原则，电缆线连接（热缩管防水），电缆集中穿入电缆管，电缆近喇叭口胶封，泵和灯线按图编号，电缆穿管可沿电缆沟铺设到控制室，经电缆桥架入配电柜。

a. 水泵、阀门及照明灯具在安装前必须先测试其性能，保证水泵的完好绝缘，电阻用摇表测量，其阻值应大于50MΩ。

b. 照明灯具的导线必须采用防水电缆，接头处要按规定工艺操作做好防水，连接必须牢靠。

c. 用兆欧表测试每路绝缘电阻，应在5MΩ以上。

d. 检查水泵及灯具的接地线是否连接。

4）配电控制设备安装：控制及配电设备在控制室按图就位，按线缆编号将负载设备接入配电设备的相应端子。

5）全部喷泉、背景音乐电气设备（包括：水泵、灯具、电控柜、计算机、控制器、变频器、变压器、水幕发生器、激光投影仪等金属外壳）都要有等电位接地，等电位接地应符合国家标准（建设〔1998〕1号等电位联结安装）。

a. 总等电位联结应在进线电控柜中设有总等电位联结端子板，将下列导电部分互相连通。进线电控柜的PE（PEN）母排——控制室的接地极。

b. 喷泉池内设局部等电位联结板将下列导电部分互相连通。水泵及照明灯具的金属壳——给水、排水及溢水的金属管路——建筑物的主钢筋及金属结构，包括水池篦子的金属支架。

c. 全部喷泉、背景音乐电气设备（包括：电控柜、计算机、控制器、变频器、变压器、水幕发生器、激光投影仪等金属外壳）都要有辅助等电位联结。

d. 总等电位联结板（地排）及局部等电位端子板采用铜板做成。总等电位联结线不小于0.5×进线（进线PE截面积）。辅助等电位联结线截面不小于4.0mm^{2}铜导线或采用直径为8mm圆钢或20mm×4mm扁钢。

e. 等电位联结线内各联结导体间的连接可采用焊接或螺栓连接。扁钢的搭接长度应不小于其宽度的2倍，并采用三面施焊，圆钢的搭接长度应不小于其直径的6倍，并采用两面施焊。

f. 等电位联结线应有黄绿相间的色标，在等电位联结端子板应刷黄色底漆，并标以黑色记号。

g. 对于暗敷的等电位联结线及其联结处，施工人员应做好隐蔽记录及检测报告。

h. 等电位联结安装完毕后应进行导通性测试。测试电压为直交流254V电源，测试电流大于0.2A，等电位联结端子板至整个等电位联结范围内的金属末端间的电阻不大于0.5欧姆。

（2）设备调试

1）喷泉、背景音乐设备，管道系统、水下彩灯、水泵、喷头、水下减速机、激光投影仪等设备全部安装完毕，控制线路引进入控制室，与配电柜各路按图已接好。用电设备在安装前要进行绝缘电阻的测试，并做好记录。

a. 水泵、水下减速机在安装之前要进行通电测试，但时间不大3秒，电动机转动后方可进行安装。

b. 水下彩灯组装时要做好密封，以防进水造成漏电。水下彩灯按设计图组装好一组后，要用万用表进行测试有无短路现象，如果没有，再进行通电，电灯全部亮，没有漏电短路现象方可组装接线。

2）喷泉、背景音乐水型的调试：

a. 喷泉水型的调试，首先检查配电柜的电压表，低压动力线路如果符合设备使用电压后方可通电试灯，注意水位超过水泵吸水口上表面20～30cm后方可进行初步调试工作。

b. 在调试之前要对每一台水泵进行反正转向的调整，出水量少是反转，出水量多是正转，调整好水泵转向后再进行每一个喷泉花型的调试。

3）控制设备调试：手动逐台设备送电，均运转正常后，控制设备工作，调整控制程序及水型造型效果。

4）灯光角度调试：接通灯光设备的电源，调整光源的角度，使水型的照明效果最好。

三、生产流水线控制设备安装调试

（1）流水线场地定位，作标记，防止安装完成后位置不适，导致移动流水线。

（2）流水线架子安装脚杯，采用钢制大脚杯。

（3）在已定位好的场地上按次序摆放连接杆。

（4）安装流水线架子。

（5）在流水线护板上安装电动刀插座、24V 保险丝、挂钩，并且接电动刀插座与白先丝之间的电线，注意电动刀插座方向，有凸起边向下，如图 4-5 所示。

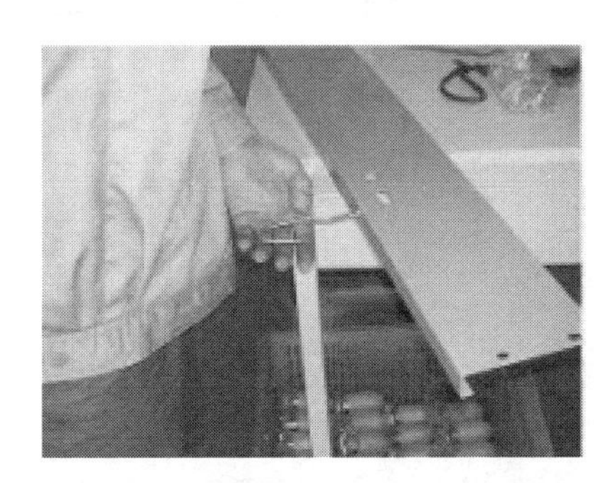

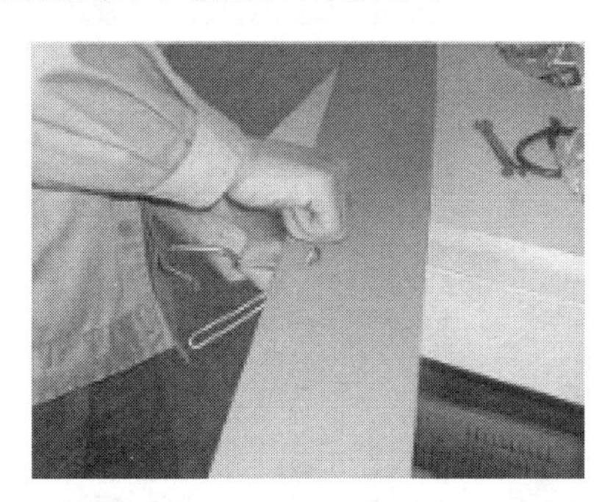

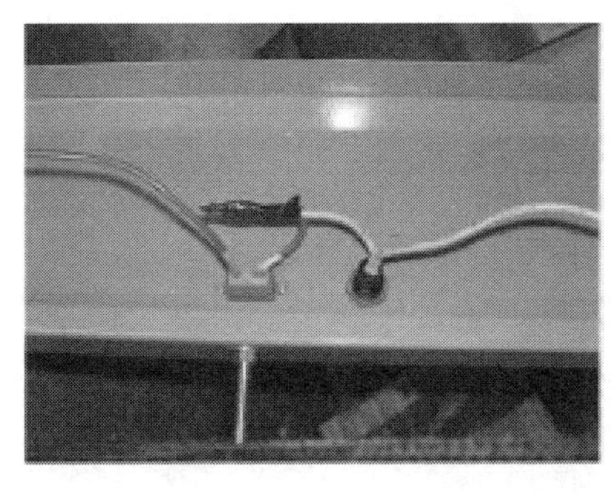

图 4-5　流水线护板安装（1）

（6）安装护板前，在流水线架子护板安装位置上用 ϕ5mm 电钻打螺纹孔，如图 4-6 所示。

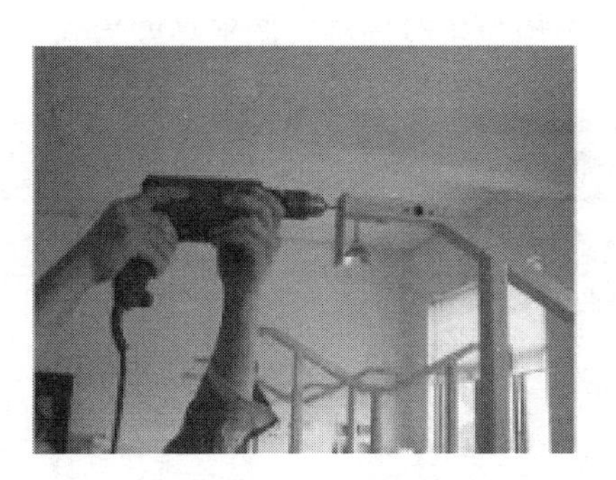

图 4-6　流水线护板安装（2）

（7）安装走线槽、护板，如图 4-7 所示。

（8）放走线槽电线及接 220V 插座，如图 4-8 所示。

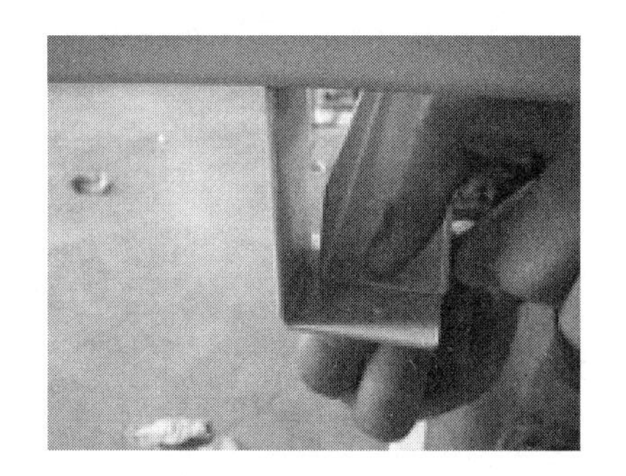

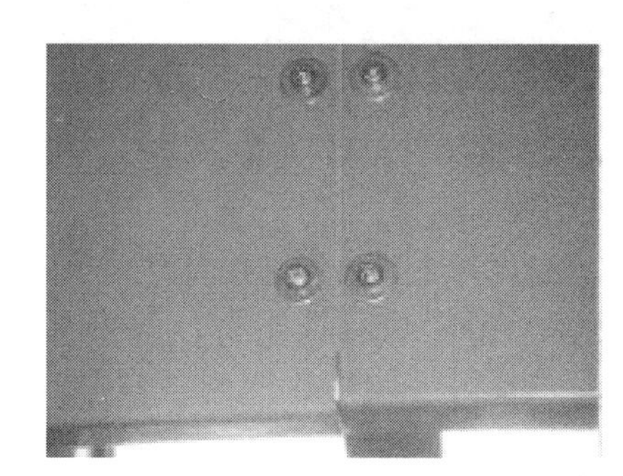

图 4-7　走线槽安装（1）

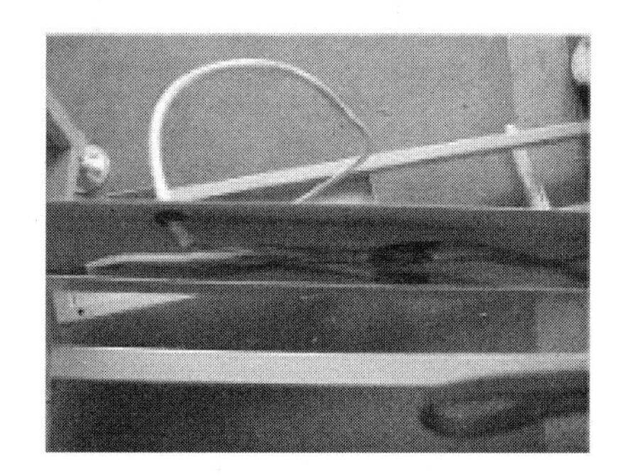

图 4-8　走线槽安装（2）

（9）流水线线体调平，采用建筑线调平，调平高度为 0.625m，如图 4-9 所示。

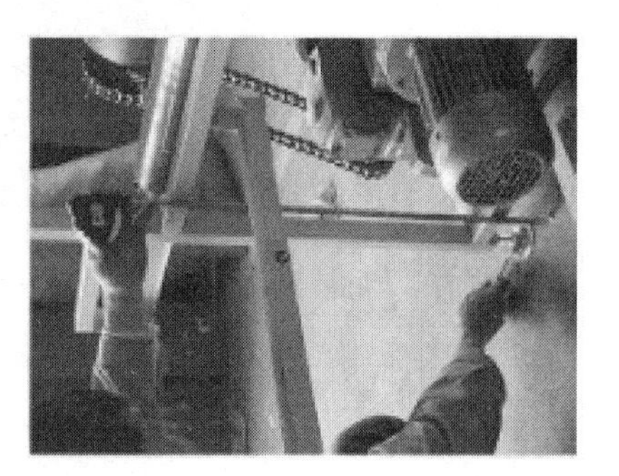

图 4-9　流水线线体调平

（10）安装走线槽盖并用胶带固定，如图 4-10 所示。

图 4-10　走线槽盖安装

（11）把皮带放入机头的大滚筒中，如图 4-11 所示。

图 4-11　皮带安装

四、舞台声光电气控制系统安装调试

当舞台照明采用可控硅作调光设备时，其电源变压器宜采用的接线方式为△/Y0 的变压器。舞台照明或电力设备的变压器容量计算式为：

$$P_s = K_x K_y P_e$$

式中　P_s——变压器容量；

P_e——照明或电力负荷总容量；

K_x——照明或电力负荷需用系数；

K_y——裕量系数。

表 4-9 为负荷需用系数表。照明负荷需用系数 K_x 应如下表选取，电力负荷需用系数 K_x 宜取 0.4～0.9，裕量系数宜取 1.1～1.2。

负荷需用系数表　　**表 4-9**

舞台照明总负荷(kW)	需用系数 K_x
50 及以下	1.00
50～100	0.75
100～200	0.60
200～500	0.50
500～1000	0.40
超过 1000	0.25～0.30

舞台调光装置宜采取有效的谐波抑制措施，当未采取措施时，其供电线路的中性线导体截面积应为相导体截面积的两倍；音响系统供电专线上宜设置隔离变压器。调光回路应选用金属导管槽敷设，并不宜与电声等电信线路平行敷设。调光回路与电信线路平行敷设

时，其间距应大于1m；当垂直交叉时，间距应大于0.5m。

舞台机械用电的电源箱设在标高7.00m以上。

第五节　建筑弱电系统

一、建筑弱电系统单体设备、器件调整试验

1. 空调（新风机）系统单体设备调试

（1）检查新风机控制柜的全部电气元器件有无损坏，内部与外部接线是否正确无误，严防强电电源串入现场控制设备。

（2）按照监控点数表及工程设计要求，检查安装在新风机上的温/湿度传感器、电动阀、风阀和压差开关等设备的位置及接线是否正确，输入/输出信号类型和量程是否符合要求。

（3）在手动位置确认风机在现场操作控制状态下是否运行正常。

（4）确认现场控制器和I/O模块的地址码设置正确。

（5）确认DDC供电符合设计要求后，接通主电源开关，观察现场控制器和各元件状态是否正常。

（6）用笔记本电脑或手操器记录所有模拟量输入点送风温度和风压的量值，并核对其数值是否正确；记录所有开关量输入点（风压开关和防冻开关等）工作状态是否正常；强置所有开关量输出点开/关状态，确认相关的风机、风门、阀门等工作是否正常；强置所有模拟量输出点输出信号，确认相关的电动阀（冷热水调节阀）的工作是否正常，位置调节是否跟随变化。

（7）启动新风机，新风阀门应连锁打开，送风温度调节控制应投入运行。

（8）模拟送风温度大于送风温度设定值（一般为3℃左右），热水调节阀应逐渐减少开度，直至全部关闭（冬天工况），或者冷水阀逐渐加大开度直至全部打开（夏天工况）。模拟送风温度小于送风温度设定值（一般为3℃左右），确认其冷热水阀运行工况与上述完全相反。

（9）新风机启动后，送风温度应根据其设定值改变而变化，经过一定时间后应能稳定在送风温度设定值的附近。如果送风温度跟踪设定值的速度太慢，可以适当提高PID调节的比例放大作用；如果系统稳定后，送风温度和设定值的偏差较大，可以适当提高PID调节的积分作用；如果送风温度在设定值上下明显地作周期性波动，其偏差超过范围，则应先降低或取消微分作用，再降低比例放大作用，直到系统稳定为止。PID参数设置的原则是：首先保证系统稳定，其次满足基本的精度要求，各项参数设置不宜过大，应避免系统振荡，并留有一定余量。当系统经调试不能稳定时，应考虑有关的机械或电气装置中是否存在妨碍系统稳定的因素，应作仔细检查，排除故障。

（10）需进行湿度调节，则当模拟送风湿度小于送风湿度设定值时，加湿器应按预定要求投入工作，直到送风湿度趋于设定值。

（11）如新风机是变频调速或高、中、低三速控制时，应模拟变化风压测量值或其他工艺要求，确认风机转速能相应改变；当测量值稳定在设计值时，风机转速应稳定在某一

点上，并按设计和产品说明书的要求记录30%、50%、90%风机速度（或高、中、低三速）时相对的风压或风量。

（12）新风机停止运转时，确认新风门、冷/热水调节、加湿器等应回到全关闭位置。

（13）确认按设计图纸产品供应商的技术资料、软件功能和调试大纲规定的其他功能和连锁、联动的要求全部实现。

（14）单体调试完成时，应按工艺和设计要求在系统中设定其送风温度、湿度和风压的初始状态。

2. 空调箱单体设备调试

（1）按“新风机单体设备调试”中（1）~（6）子项的要求完成测试检查与确认。

（2）启动空调机时，新风门、回风风门和排风风门等应连锁打开，各种调节控制投入工作。

（3）模拟送风温度大于送风温度设定值（一般为3℃左右），在冬天工况下，热水调节阀开度应逐渐减小，新风门开度增大；在夏天工况下，冷水阀开度逐渐加大，新风门开度逐渐减小。模拟送风温度小于送风温度设定值（一般为3℃左右）时，确认其冷热水阀运行工况与上述情况正好相反。

（4）按“新风机单体设备调试”中（9）的要求完成测试、检查与确认。

（5）空调机启动后，回风温度应随回风温度设定的改变而变化，经过一定时间后应能稳定在回风温度设定值的附近。如果回风温度跟踪设定值的速度太慢，可以适当提高PID调节的比例放大作用；如果系统稳定后，回风温度和设定值的偏差较大，可以适当提高PID调节的积分作用；如果回风温度在设定值上下明显地作周期性波动，其偏差超过规定范围，则应先降低或取消微分作用，再降低比例放大作用，直到系统稳定为止。PID参数设置的原则是：首先保证系统稳定，其次满足其基本的精度要求，各项参数设置不宜过大，应避免系统振荡，并有一定余量。系统经调试不能稳定时，应考虑有关的机械或电气装置中是否存在妨碍系统稳定的因素，应作仔细检查，排除故障。

（6）如果空调机是串级控制，内环以送风温度作为反馈值，外环以回风温度作为反馈值，以外环的调节控制输出作为内环的送风温度设定值。一般内环为PI调节，不设置微分参数。

（7）风机停止运转，新风机风门、冷热水调节阀、加湿器等应回到全关闭位置。

（8）确认按设计图纸、产品供应商的技术资料、软件和调试大纲规定的其他功能和连锁、联动程序控制的要求均可实现。

（9）变风量空调箱应按控制功能满足变频或分档变速的要求。确认空调箱的风量、风压随之变化，其风机的速度也应随之变化。当风压或风量稳定在设计值时，风机速度应稳定在某一点上，并按设计和产品说明书要求记录30%、50%、90%风机速度时相对应的风压或风量（变频、调速），分档变速时测量其相应的风压与风量。

（10）按“新风机单体设备调试”中第（13）~（14）子项的要求，完成测试检查和确认。

（11）如果有需要可模拟控制新风风门、排风风门、回风风门的开度限位设置，使其满足空调工艺要求所提出的最大、最小开度值。

3. VAV 末端装置单体设备调试内容

（1）按设计图纸要求确认 VAV 末端、VAV 控制器、传感器、阀门、风门等设备安装就位和 VAV 控制器电源、风门和阀门的电源的正确。

（2）按设计图纸检查 VAV 控制器与 VAV 末端装置、上位机之间的连接线（包括各种传感器、阀门、风门等）是否正确。

（3）用 VAV 控制器软件检查传感器、执行器工作是否正常。

（4）用 VAV 控制器软件检查风机运行是否正常。

（5）测定并记录 VAV 末端一次风最大流量、最小流量及二次风流量是否满足设计要求。

（6）确认 VAV 控制器与上位机通信正常。

4. 送/排风机单体设备调试内容

（1）按“新风机单体设备调试”中第（1）～（6）子项要求完成测试检查与确认。

（2）检查所有送排风机及相关空调设备，按系统设计要求确认其连锁、启/停控制是否正常。

（3）按通风工艺要求用上位机监控软件对各送排风机风量进行组态，确认设置参数是否正常，以确保风机能正常运行。

（4）为了维持室内相对于室外的一定正压要求（按设计要求，一般为＋20Pa 左右或－20Pa 左右），先进行变风量送风机的风压控制调试，使室内有一定的正压；然后进行变速排风机的调试。模拟变化室内压力测量值，风机转速应能相应改变。当测量值大于设定值时，风机转速应减小；当测量值小于设定值时，风机转速应增大；当测量稳定在设定值左右时，风机转速应稳定在某一点上。

（5）变频调速排风机启动后，室内风压测量值应跟随风压设定值的改变而变化，当风压设定值固定，经过一定时间后测量值应能稳定在风压设定值的附近。如果测量值跟踪设定值的速度太慢，可以适当提高 PID 调节的比例放大作用；如果系统稳定后，测量值和设定值的偏差较大，可以适当提高 PID 调节的积分作用；如果送风温度在设定值上下明显地作周期性波动，其偏差超过范围，则应先降低或取消微分作用，再降低比例放大作用，直到系统稳定为止。PID 参数设置的原则是：首先保证系统稳定，其次满足其基本的精度要求，各项参数设置不宜过大，应避免系统振荡，并有一定余量。当系统经调试不能稳定时，应考虑有关的机械或电气装置中是否存在妨碍系统稳定的因素，进行仔细检查，排除故障。

（6）按“新风机单体设备调试”中第（13）～（14）子项的要求，完成测试检查和确认。

5. 风机盘管单体设备调试内容

（1）检查电动阀门和温度控制器安装和接线是否正确。

（2）确认风机和管路是否已处于正常运行状态。

（3）设置风机高、中、低三速和电动开关阀的状态，观察风机和阀门工作是否正常。

（4）操作温度控制器的温度设定按钮和模式设定按钮，风机盘管的电动阀是否正确动作。

（5）如风机盘管控制器与现场控制器相连，则应检查中央监控站及操作员站对全部风机盘管的控制和监测功能（包括设定值修改、温度控制调节和运行参数）。

6. 空调冷热源单体设备调试内容

（1）按“新风机单体设备调试”第（1）～（6）项的要求完成测试检查与确认。

（2）按设计和产品技术说明书规定确认制冷/热主机、冷热水泵、冷却水泵、冷却塔、风机和电动蝶阀等相关设备单独运行正常下，在现场控制设备侧或制冷/热主机侧检测该设备的全部AO、AI、DO、DI点，确认其满足设计和监控点数表的要求。启动自动控制方式，确认系统各设备按设计和工艺要求顺序投入运行和关闭。

（3）增加或减少空调机运行台数，增加其冷/热负荷，检验平衡管流量的方向和数值，确认能自动调整冷热源机组的台数，以满足负荷需要。

（4）模拟一台设备故障，确认系统是否自动启动一个机组替代投入运行。

（5）按设计和产品技术说明规定，模拟冷却水温度的变化，确认冷却水温度旁通控制和冷却塔高、低速控制等功能，并检查旁通阀动作方向是否正确。

（6）确认按设计图纸产品供应商的技术资料、软件功能和调试大纲的规定的其他功能和连锁、联动的要求全部实现。

7. 给水排水系统单体设备调试内容

（1）检查各类水泵的电气控制柜，确认按设计监控要求与现场控制设备之间的接线正确，严防强电串入现场控制设备。

（2）按监控点数表的要求检查安装于各类水箱、水池的水位传感器或水位开关，以及温度传感器、水量传感器等设备的位置、接线是否正确，其安装应符合相关规范要求。

（3）确认各类水泵等受控设备，在手动控制状态下运行正常。

（4）在现场控制设备侧或上位机侧，检测相应设备的输入、输出点功能，确认其满足设计、监控点和联动连锁的要求。

二、建筑弱电系统单系统调整、试验、运行

各设备单体调试结束后便可进行建筑设备监控系统的系统调试。系统调试主要是从整体系统的角度出发对建筑设备监控系统的系统设备及各设备之间的联动进行调试。调试内容包括：

1. 系统的接线检查

按系统设计图纸要求，检查监控计算机与网关设备、现场控制设备、系统外围设备（包括电源UPS、打印设备）、通信接口（包括与其他子系统）等之间的连接、传输线型号规格是否正确，通信接口的通信协议、数据传输格式、速率等是否符合设计要求。

2. 系统通信检查

监控计算机及其相应设备通电后，启动监控程序，检查监控计算机与各设备之间通信是否正常，确认系统内设备无故障。

3. 回路调试

（1）回路调试在系统投入运行前进行，调试前应具备下列条件：回路中的现场检测设备、装置和现场线路、管道安装完毕；组成回路的各设备的单台调试和校准已经完成；检测控制设备的配线和配管经检查确认正确完整，配件附件齐全。

（2）回路的电源已能正常供给并符合运行的要求。回路调试应根据现场情况和回路的

复杂程度，按回路位号和信号类型合理安排。回路调试应做好调试记录。

（3）控制系统可先在控制室内以与就地线路相连的输入输出端为界进行回路调试，然后再与就地检测控制设备连接进行整个回路的调试。

（4）检测回路的调试应符合下列要求：

1）在检测回路的信号输入端输入模拟被测变量的标准信号，系统显示的示值偏差不应超过规定要求；

2）现场不具备模拟被测变量信号的回路，应在其可模拟输入信号的最前端输入信号进行回路调试。

（5）控制回路的调试应符合下列要求：

1）控制器和执行器的作用方向应符合设计规定；

2）通过控制器或操作站的输出向执行器发送控制信号，检查执行器执行机构的全行程动作方向和位置是否正确，执行器带有定位器时应同时调试；

3）当控制器或操作站上有执行器的开度和起点、终点信号显示时，应同时进行检查和调试。

（6）报警系统的调试应符合下列要求：

1）系统中有报警信号设备的报警输出部件和接点，应根据设计文件规定的设定值进行整定；

2）在报警回路的信号发生端模拟输入信号，检查报警灯光、音响和屏幕，显示应正确；

3）报警点整定后宜在调整器件上加封记；

4）报警的消声、复位和记录功能应正确。

（7）程序控制系统和连锁系统的调试应符合下列要求：

1）程序控制系统和连锁系统有关装置的硬件和软件功能调试已经完成，系统相关的回路调试已经完成；

2）系统中的各有关仪表和部件的动作设定值，应根据设计文件规定进行整定；

3）连锁点多、程序复杂的系统，可先进行分项和分段调试，然后进行整体检查调试；

4）程序控制系统的调试应按程序设计的步骤逐步检查调试，其条件判定、逻辑关系、动作时间和输出状态等均应符合设计文件规定；

5）在进行系统功能调试时，可采用已调试整定合格的仪表和检测报警开关的报警输出节点来直接发出模拟条件信号；

6）调试中应与相关的专业配合，共同确认程序运行和连锁保护条件及功能的正确性，并对调试过程中相关设备和装置的运行状态和安全防护采取必要措施。

4. 建筑设备监控系统（BAS）

建筑监控系统主要对大楼的空调系统、给水排水系统、冷热原系统、照明系统、变配电系统、电梯系统进行监控。系统调试是建筑设备监控系统的重要工作内容，当建筑设备监控系统完成设备安装及相关软件安装、应用程序编制，并满足以下条件即可进入系统调试阶段。进入系统调试阶段需要满足的条件为：

（1）建筑设备监控系统的全部设备包括现场的各种阀门、执行器、传感器、变送器等安装完毕，线路敷设和接线符合设计图纸要求。

（2）建筑设备监控系统的受控设备及其内部控制系统不仅设备安装完毕，而且单体调试结束，其设备或系统的测试数据满足设计工艺要求。如空调系统中的冷水机组其单机运行必须正常，其冷量和冷冻水的进出口压力、进出口水温等满足空调系统的工艺要求。

（3）建筑设备监控系统与其他系统的联动信息传输、线路敷设等满足设计要求。建筑设备监控系统的系统调试流程，如图 4-12 所示。

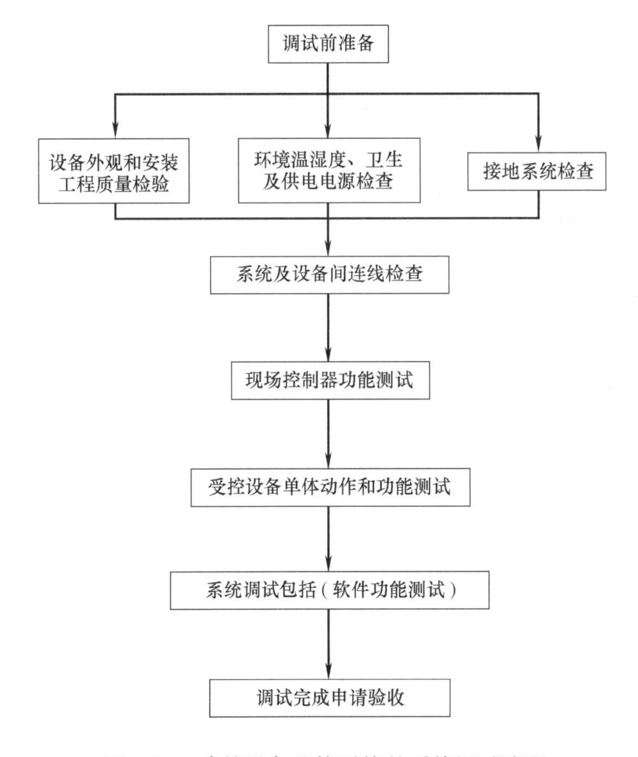

图 4-12　建筑设备监控系统的系统调试流程

5. 建筑设备监控系统调试前准备工作

（1）图纸的检查。调试前必须提供必要的设计图纸和资料作为建筑设备监控系统的调试依据。

（2）基本软件编程、组态、系统各单元的逻辑与地址，包括图形制作、网络各结点的名称、地址与代号等设定基本完成。

（3）负责调试工程师熟悉本工程的全部图纸、资料及相关系统工艺，并向参加调试人员进行技术沟通/交流。调试人员在负责调试工程师的指导和组织下按相应规范和调试大纲要求完成工程的调试准备工作。

（4）设备外观和安装状况的检查。设备外观良好，安装质量满足工程要求。

（5）调试环境条件的检查。系统的调试环境、工业卫生要求（温度、湿度、防静电、电磁干扰等），应符合设备使用说明书规定。如无规定则至少满足如下条件：

1）主控设备宜设置在防静电的场所内，现场控制设备和线路敷设应避开电磁干扰源与干扰源线路垂直交叉或采取抗干扰措施。

2）环境湿度在 10%～85%之间，并无结露现象。

3）环境温度在 0～40℃之间。

（6）电源检查。检查系统供电电源和接地情况是否满足工程设计要求，电压波动＜±10％。

（7）被控建筑设备专业调试完成，调试记录完整。

（8）检查建筑设备监控系统中各设备之间连接线的施工质量，确保每根连接线全部导通，安装质量符合《电气装置安装工程电缆线路施工及验收规范》（GB 50168）的规定要求。

6. 视频监控系统、门禁系统、广播系统、有线电视系统等系统的调试

（1）检查相关的全部电气元器件有无损坏，内部与外部接线是否正确无误，严防强电电源串入现场控制设备。

（2）按照设备点数表及工程设计要求，检查已安装各种设备是否符合要求。

（3）采用专用设备对系统中的各种线缆进行检测，保证每一根线缆符合施工规范，并且不出现接地、短路、断路。

（4）监控系统，对每个末端分别进行调试，直到在中空室得到清晰的图像为止，根据实际情况，分析每个末端的调整方案，并对调试过程中出现的问题具体解决，对于由于外在原因引起的信号干扰问题，采用增加抗干扰设备进行解决。

（5）门禁系统，通过设置卡片的权限，对系统需要达到的效果，进行逐门测试。

（6）广播系统，通过对各种媒体的播放，实地体验效果，并做出调整，保证系统能够达到设计功能。

（7）有线电视系统，对卫星接收机及相关设备的连线进行检测，保证连线正确，并对系统设计的节目进行接收调制，并在大楼各处进行抽样测试，确定能够对设定节目进行接收。

三、建筑弱电系统各系统联动试运行

建筑智能化系统的系统联动（集成）验收也是一种对系统的功能性验收。区别在于系统联动（集成）验收对象是各子系统正常运行条件下的系统间联动功能，或者是对各子系统的集成功能。

1. 广播系统与消防自动报警系统的联动

广播系统与消防自动报警系统之间的联动调试须与消防施工单位紧密配合。消防专业施工单位须按广播系统防火分区控制要求提供足够无电压接点，以供接驳至背景音乐紧急广播系统作自动切换控制。消防系统提供每个消防分区一个报警信号，当广播系统接收到来自消防系统的某区报警信号后，按照预先设定的联动程序自动进行紧急广播联动程序要求。

表格填写依据及说明：

在智能建筑工程中，火灾自动报警及消防联动系统的检测应按现行国家标准《火灾自动报警系统施工及验收规范》（GB 50166）的规定执行。火灾自动报警及消防联动系统应是独立的系统。火灾自动报警系统的电磁兼容性防护功能，应符合《消防电子产品环境试验方法和严酷等级》（GB 16838）的有关规定。检测消防控制室向建筑设备监控系统传输、显示火灾报警信息的一致性和可靠性，检测与建筑设备监控系统的接口、建筑设备监控系统对火灾报警的响应及其火灾运行模式，应采用在现场模拟发出火灾报警信号的方式进行，见表 4-10、表 4-11。

火灾自动报警及消防联动系统自检测记录 **表 4-10**

<table>
<tr><td colspan="3">火灾自动报警及消防联动系统自检测记录
表 C6-59</td><td>资料编号</td><td></td></tr>
<tr><td colspan="2">工程名称</td><td></td><td>检测时间</td><td></td></tr>
<tr><td colspan="2">部位</td><td colspan="3"></td></tr>
<tr><td colspan="3">检测内容</td><td>检测记录</td><td>备注</td></tr>
<tr><td rowspan="2">1</td><td rowspan="2">系统检测</td><td>执行 GB 50166 规程</td><td></td><td rowspan="2">系统检测执行 GB 50166 规定，使用 GB 50166 的附录表格</td></tr>
<tr><td>系统应为独立系统</td><td></td></tr>
<tr><td>2</td><td>系统联动</td><td>与其他系统联动</td><td></td><td>满足设计要求为检测合格</td></tr>
<tr><td>3</td><td colspan="2">系统电磁兼容性防护</td><td></td><td></td></tr>
<tr><td rowspan="2">4</td><td rowspan="2">火灾报警控制器人机界面</td><td>汉化图形界面</td><td></td><td rowspan="2">符合设计要求为检测合格</td></tr>
<tr><td>中文屏幕菜单</td><td></td></tr>
<tr><td rowspan="2">5</td><td rowspan="2">接口通信功能</td><td>消防控制室与建筑设备监控系统</td><td></td><td rowspan="2">符合设计要求为检测合格</td></tr>
<tr><td>消防控制室与安全防范系统</td><td></td></tr>
<tr><td rowspan="2">6</td><td rowspan="2">系统关联功能</td><td>公共广播与紧急广播共用</td><td></td><td rowspan="2">符合 GB 50166 有关规定符合设计要求为检测合格</td></tr>
<tr><td>安全防范子系统对火灾响应与操作</td><td></td></tr>
<tr><td rowspan="2">7</td><td rowspan="2">火灾探测器性能及安装状况</td><td>智能性</td><td></td><td rowspan="2">符合设计要求为检测合格</td></tr>
<tr><td>普遍性</td><td></td></tr>
<tr><td rowspan="4">8</td><td rowspan="4">新型消防设施设置及功能</td><td>早期烟雾探测</td><td></td><td rowspan="4">符合设计要求为检测合格</td></tr>
<tr><td>大空间早期检测</td><td></td></tr>
<tr><td>大空间红外图像矩阵火灾报警及灭火</td><td></td></tr>
<tr><td>可燃气体泄漏报警及联动</td><td></td></tr>
<tr><td>9</td><td>消防控制室</td><td>控制室与其他系统合用时要求</td><td></td><td>符合 GB 50166、GB 50314 的有关规定</td></tr>
<tr><td></td><td></td><td></td><td></td><td></td></tr>
<tr><td colspan="5">检测结论：</td></tr>
</table>

<table>
<tr><td rowspan="3">签字栏</td><td rowspan="2">施工单位</td><td rowspan="2"></td><td>技术负责人</td><td>专业质检员</td><td>检测人</td></tr>
<tr><td></td><td></td><td></td></tr>
<tr><td>监理（建设）单位</td><td colspan="2"></td><td>专业工程师</td><td></td></tr>
</table>

注：本表由施工单位填写。

住宅（小区）智能化系统火灾自动报警及消防联动系统自检测记录　　表 4-11

<table>
<tr><td colspan="3">火灾自动报警及消防联动系统自检测记录
表 C6-59</td><td>资料编号</td><td></td></tr>
<tr><td colspan="2">工程名称</td><td></td><td>检测时间</td><td></td></tr>
<tr><td colspan="2">部位</td><td colspan="3"></td></tr>
<tr><td colspan="3">检测内容</td><td>检测记录</td><td>备注</td></tr>
<tr><td rowspan="2">1</td><td rowspan="2">系统检测</td><td>执行 GB 50166 规程</td><td></td><td rowspan="2">系统检测执行 GB 50166 规定，使用 GB 50166 的附录表格</td></tr>
<tr><td>系统应为独立系统</td><td></td></tr>
<tr><td>2</td><td>系统联动</td><td>与其他系统联动</td><td></td><td>满足设计要求为检测合格</td></tr>
<tr><td>3</td><td colspan="2">系统电磁兼容性防护</td><td></td><td></td></tr>
<tr><td rowspan="2">4</td><td rowspan="2">火灾报警控制器人机界面</td><td>汉化图形界面</td><td></td><td rowspan="2">符合设计要求为检测合格</td></tr>
<tr><td>中文屏幕菜单</td><td></td></tr>
<tr><td rowspan="2">5</td><td rowspan="2">接口通信功能</td><td>消防控制室与建筑设备监控系统</td><td></td><td rowspan="2">符合设计要求为检测合格</td></tr>
<tr><td>消防控制室与安全防范系统</td><td></td></tr>
<tr><td rowspan="2">6</td><td rowspan="2">系统关联功能</td><td>公共广播与紧急广播共用</td><td></td><td rowspan="2">符合 GB 50166 有关规定
符合设计要求为检测合格</td></tr>
<tr><td>安全防范子系统对火灾响应与操作</td><td></td></tr>
<tr><td rowspan="2">7</td><td rowspan="2">火灾探测器性能及安装状况</td><td>智能性</td><td></td><td rowspan="2">符合设计要求为检测合格</td></tr>
<tr><td>普遍性</td><td></td></tr>
<tr><td rowspan="4">8</td><td rowspan="4">新型消防设施设置及功能</td><td>早期烟雾探测</td><td></td><td rowspan="4">符合设计要求为检测合格</td></tr>
<tr><td>大空间早期检测</td><td></td></tr>
<tr><td>大空间红外图像矩阵火灾报警及灭火</td><td></td></tr>
<tr><td>可燃气体泄漏报警及联动</td><td></td></tr>
<tr><td>9</td><td>消防控制室</td><td>控制室与其他系统合用时要求</td><td></td><td>符合 GB 50166、GB 50314 的有关规定</td></tr>
<tr><td></td><td></td><td></td><td></td><td></td></tr>
<tr><td colspan="5">检测结论：</td></tr>
<tr><td rowspan="3">签字栏</td><td rowspan="2">施工单位</td><td rowspan="2"></td><td>技术负责人 ｜ 专业质检员</td><td>检测人</td></tr>
<tr><td></td><td></td></tr>
<tr><td>监理（建设）单位</td><td></td><td>专业工程师</td><td></td></tr>
</table>

注：本表由施工单位填写。

2. 闭路电视监控系统与保安监控系统的联动

闭路电视监控系统与保安监控系统之间的联动调试须紧密配合且应在两个子系统均完成系统调试后进行。保安监控系统发出报警信号时闭路电视监控系统启动报警区域摄像机，摄像将报警位置的图像切换到大屏幕上同时开启相应摄像机的录像功能，见表 4-12。

安全防范系统视频安防监控系统自检测记录　　表 4-12

<table>
<tr><td colspan="4">安全防范系统
视频安防监控系统自检测记录
表 C6-63</td><td>资料编号</td><td></td></tr>
<tr><td colspan="2">工程名称</td><td colspan="2"></td><td>检测时间</td><td></td></tr>
<tr><td colspan="2">部位</td><td colspan="4"></td></tr>
<tr><td colspan="4">检测内容</td><td>检测记录</td><td>备注</td></tr>
<tr><td rowspan="4">1</td><td rowspan="4">设备功能</td><td colspan="2">云台转动</td><td></td><td rowspan="19">设备检测合格率为100%时为合格;系统功能和联动功能检测合格率为100%系统检测合格</td></tr>
<tr><td colspan="2">镜头调节</td><td></td></tr>
<tr><td colspan="2">图像切换</td><td></td></tr>
<tr><td colspan="2">防护罩效果</td><td></td></tr>
<tr><td rowspan="2">2</td><td rowspan="2">图像质量</td><td colspan="2">图像清晰度</td><td></td></tr>
<tr><td colspan="2">抗干扰能力</td><td></td></tr>
<tr><td rowspan="13">3</td><td rowspan="13">系统功能</td><td colspan="2">监控范围</td><td></td></tr>
<tr><td colspan="2">设备接入率</td><td></td></tr>
<tr><td colspan="2">完好率</td><td></td></tr>
<tr><td rowspan="4">矩阵主机</td><td>切换控制</td><td></td></tr>
<tr><td>编程</td><td></td></tr>
<tr><td>巡检</td><td></td></tr>
<tr><td>记录</td><td></td></tr>
<tr><td rowspan="6">数字视频</td><td>主机死机</td><td></td></tr>
<tr><td>显示速度</td><td></td></tr>
<tr><td>联网通信</td><td></td></tr>
<tr><td>存储速度</td><td></td></tr>
<tr><td>检索</td><td></td></tr>
<tr><td>回放</td><td></td></tr>
<tr><td>4</td><td colspan="4">联动功能</td><td></td></tr>
<tr><td>5</td><td colspan="4">图像记录保存时间</td><td></td></tr>
<tr><td colspan="6">检测结论：</td></tr>
<tr><td rowspan="3">签字栏</td><td rowspan="2">施工单位</td><td rowspan="2"></td><td>技术负责人</td><td>专业质检员</td><td>检测人</td></tr>
<tr><td></td><td></td><td></td></tr>
<tr><td>监理(建设)单位</td><td colspan="2"></td><td>专业工程师</td><td></td></tr>
</table>

注：本表由施工单位填写。

四、建筑弱电系统试验运行记录

1. 表格填写依据及说明

（1）一般规定

1）智能建筑工程质量验收应按“先产品，后系统；先各系统，后系统集成”的顺序进行；

2）火灾自动报警及消防联动系统、安全防范系统、通信网络系统的检测验收应按相关国家现行标准和国家及地方的相关法律法规执行；其他系统的检测应由省市级以上的建设行政主管部门或质量技术监督部门认可的专业检测机构组织实施。

（2）工程实施及质量控制

1）工程实施及质量控制应包括与前期工程的交接和工程实施条件准备。

2）进场设备和材料的验收、隐蔽工程检查验收和过程检查。

3）工程安装质量检查、系统自检和试运行等。

（3）系统检测

1）系统检测时应具备的条件：

① 系统安装调试完成后，已进行了规定时间的试运行。

② 已提供了相应的技术文件和工程实施及质量控制记录。

2）建设单位应组织有关人员依据合同技术文件和设计文件，已基本规范规定的检测项目、检测数量和检测方法，制定系统监测方案并经检测机构批准实施。建筑弱电系统试验运行记录，见表4-13。

智能系统试运行记录　　　　表4-13

<table>
<tr><td colspan="4">智能系统试运行记录
表C6-80</td><td>资料编号</td><td></td></tr>
<tr><td colspan="2">工程名称</td><td colspan="4"></td></tr>
<tr><td colspan="2">系统名称</td><td colspan="2"></td><td>试运行部位</td><td></td></tr>
<tr><td>序号</td><td>日期/时间</td><td colspan="2">系统试运转记录</td><td>值班人</td><td>备注</td></tr>
<tr><td></td><td></td><td colspan="2"></td><td></td><td rowspan="15">系统运行情况栏中，
注明正常/不正常，
并每班至少填写一次；
不正常的在要说明情况
（包括修复日期）</td></tr>
<tr><td></td><td></td><td colspan="2"></td><td></td></tr>
<tr><td></td><td></td><td colspan="2"></td><td></td></tr>
<tr><td></td><td></td><td colspan="2"></td><td></td></tr>
<tr><td></td><td></td><td colspan="2"></td><td></td></tr>
<tr><td></td><td></td><td colspan="2"></td><td></td></tr>
<tr><td></td><td></td><td colspan="2"></td><td></td></tr>
<tr><td></td><td></td><td colspan="2"></td><td></td></tr>
<tr><td></td><td></td><td colspan="2"></td><td></td></tr>
<tr><td></td><td></td><td colspan="2"></td><td></td></tr>
<tr><td></td><td></td><td colspan="2"></td><td></td></tr>
<tr><td></td><td></td><td colspan="2"></td><td></td></tr>
<tr><td></td><td></td><td colspan="2"></td><td></td></tr>
<tr><td></td><td></td><td colspan="2"></td><td></td></tr>
<tr><td></td><td></td><td colspan="2"></td><td></td></tr>
<tr><td colspan="6">结论：</td></tr>
<tr><td rowspan="3">签字栏</td><td rowspan="2">施工单位</td><td rowspan="2"></td><td>技术负责人</td><td>专业质检员</td><td>施工员</td></tr>
<tr><td></td><td></td><td></td></tr>
<tr><td>监理（建设）单位</td><td colspan="2"></td><td>专业工程师</td><td></td></tr>
</table>

注：本表由施工单位填写。

第六节　电梯调试

一、电梯平衡系数测定

1. 平衡系数测定与调整（平衡系数试验）平衡系数的测定依据

交流电梯的曳引力矩主要由曳引电动机的驱动电流值来反映（或电压值——对直流电梯而言），同时与曳引电动机的转速有关。当电梯在一定的荷载下运行，并且对重和轿厢处于同等高度时，假如此时的电梯上行曳引力矩等于下行曳引力矩，说明电梯轿厢与对重是平衡的。则认定该载荷率（处于40%～50%）即为该电梯的平衡系数。为了能正确地反映曳引力矩与载荷率的变化规律，在国标《电梯　试验方法》中规定，电梯应分别在空载、25%、50%、75%、100%、125%的额定载荷下，测量其上行和下行时对重和轿厢在同一水平位置时的电流值或电压值。通过录制上行时电流（电压）-负荷曲线，找出这两条曲线的相交点，该相交点所对应的载荷率即为该电梯平衡系数。

2. 平衡系数粗略测试法

给轿厢加入额定载重量的50%，将电梯运行到提升高度的一半处，在机房关掉电梯总电源，盘车设法使轿厢与对重在同一水平面上：由二人配合，一人松闸，一人用手紧握盘车手轮并转动，如果左右转动感觉用力相当，并且轻松、自如，在手松开时电梯不向任何方向溜车，说明平衡系数差不多；否则，应该调整对重块数量使之达到平衡。

3. 平衡系数精确测定方法

交流双速电梯、ACVV（交流调压调速电梯）电梯可以测试电动机的进线端（或在总电源盒的出线端）；直流电梯可以测试电动机进线电压或功率值；而VVVF（交流变压变频调速电梯）必须测试变频器的进线端。

4. 平衡系数的调整

如果平衡系数偏小（低于40%），说明电梯的载重量变小，应该增加对重的重量；由不足的百分比和额定载重量换算出对重侧对重块的数量，加到对重架上。反之，平衡系数偏大，应该减少对重的重量。

二、电梯运行和超载试验

1. 电梯运行试验

（1）空载。

轿厢以空载工况：并在通电持续率40%情况下，到达全行程范围，按120次/h每天不少于8h，各启动、制动运行1000次，电梯应运行无故障。制动器温升不应超过60k，曳引机减速器油温温升不应超过60k，其温度不应超过85℃。曳引机减速器，除蜗杆轴伸出一端只允许有轻微的渗漏油，其余各处不得渗漏油。

（2）半载。

轿厢以50%额定载荷工况：并在通电持续率40%情况下，到达全行程范围，按120次/h每天不少于8h，各启动、制动1000次，电梯应运行平稳、制动可靠、连续运行无故障。制动器温升不应超过60k，其温度不应超过85℃。曳引机减速器，除蜗杆轴伸出一端只允许有轻微的渗漏油，其余各处不得油渗漏油。

（3）额载。

轿厢以额定载荷工况：并在通电持续率40%情况下，到达全行程范围，按120次/h每天不少于8h，各启动、制动运行1000次，电梯应运行无故障。制动器温升不应超过60k，曳引机减速器油温温升不应超过60k，其温度不应超过85℃。曳引机减速器，除蜗杆轴伸出一端只允许有轻微的渗漏油，其余各处不得油渗漏油。

2. 超载试验

（1）电梯超载试验是指在电梯运行试验正常后，对其超载能力进行的检验。超载试验不属于曳引试验。

（2）超载试验前，若电梯设有超载保护安全装置，应先将超载保护装置移开。轿厢内载以110%的额定载荷，在通电持续率为40%的条件下，电梯作上升、下降运行，在全程内启动、运行、制动30次。电梯应能可靠地启动、运行和停止（平层可以不考虑），曳引机工作无异常，制动器可靠制动。

（3）超载保护安全装置的检验：超载保护安全装置是载客电梯必备的功能，如果电梯载重量超过额定载重量的110%时，自动运行状态下的电梯应不关门、不走梯，超载灯亮，超载蜂鸣器响。此状态一直维持到减轻载荷到规定重量以内为止。

三、电梯平层准确度试验

试验方法：

（1）在空载工况和额定载重量工况下进行试验。

（2）当电梯的额定速度不大于1m/s时，平层准确度的测量方法为轿厢自底层端站向上逐层运行和自顶层端站向下逐层运行；当额定速度大于1m/s时，平层准确度的测量方法为以达到额定速度的最小间隔层站为间距作向上、向下运行，测量全部层站。

（3）轿厢在两个端站之间直驶。

（4）按上述两种工况测量当电梯停靠层站后，轿厢地坎上平面对层门地坎上平面在开门宽度1/2处垂直方向的差值。

四、电梯报警装置及电源中断应急装置的检验

1. 电梯报警装置的检验

电梯超载报警装置检验可通过开关断开或接通让主控制系统收到信号，然后输出开门信号和蜂鸣及显示来提示乘客。

2. 电源中断应急装置的检验

中断电源，电梯突遇停电，电梯控制系统停止运行，应急装置的控制系统会立即检测电梯状态，自动投入应急救援。首先K1A吸合，切断外电网给电梯控制变压器的供电，进行电气互锁。接着检测电梯的安全、门锁及检修回路，并给门区传感器供电，检测平层信号，若正常则启动电流变换器给门机控制系统供电（交流门机、直流门机、变频门机），开门电机得到所需要的电压，将轿门和厅门同时打开；如果轿厢不在平层位置，则继电器常开接点闭合，由直流变换器给抱闸回路供电，打开抱闸，三相逆变回路输出的电压经常开触头（此时已闭合）给曳引机供电，牵引轿厢向一定方向运行。轿厢运行至平层位置停

下。三相逆变电压停止输出，合上抱闸。轿门、厅门打开后，应急装置上述接触器的触头和继电器的接点全部恢复到应急运行前的状态。

五、电梯各项功能的调整确认

1. 全集选控制运行功能

根据轿厢内选层指令和厅外的层楼召唤指令，集中进行综合分析处理，自动选向并顺向依次应答指令的高度自动控制功能。它能自动登记轿厢内指令和厅外的层楼召唤指令，自动关门启动运行，同向逐一应答；当无召唤指令时，电梯自动关门待机或自动返回基站关门待机，当某一层楼有召唤信号时，再自动启动应答。

全集选控制功能一般作为电梯的标准控制功能，能实现无司机操纵。为适应这种控制特点，电梯在各层站停靠时间可以自动控制，轿门设有安全触板或其他近门保护装置，轿厢设有超载保护装置等。

2. 超载保护功能

当电梯轿厢的载重量超过额定载重量的110%时，电梯不允许关门启动，在层站平层位置保持开门状态，不能启动运行。在这种状态下要减轻电梯轿厢的载重量，使其小于额定载重量的110%，就可消除超载保护状态，电梯恢复正常运行状态。

3. 超载报警功能

当电梯轿厢的载重量超过额定载重量的110%时，电梯不允许关门启动，此时轿顶蜂鸣器发出警报信号，以示电梯已超载、不能启动运行。在这种状态下要减轻电梯轿厢的载重量，使其小于额定载重量的110%，就可自动消除警报信号，电梯恢复正常运行状态。

4. 超速电气保护功能

当电梯的运行速度大于额定速度，且超过设定的限制速度（≥电梯额定速度的115%）时，电梯系统将强制制停电梯，确保乘客的安全；当电梯的运行速度超过了额定速度，并且已超过设定的限制速度时，限速器的电气开关动作切断电梯的安全回路，使电梯立即急停刹车；确保电梯安全运行。

5. 超速机械保护功能

当电梯的运行速度大于额定速度，且超过设定的限制速度（≥电梯额定速度的115%）时，电梯系统将强制制停电梯，确保乘客的安全：当电梯的运行速度超过了额定速度，并且已超过设定的限制速度时，限速器的电气开关已动并作切断电梯的安全回路后，电梯仍不停止，继续超速下行，限速器将动作并带动安全钳动作，把电梯轿厢强行钳固在井道中的导轨上，同时再次切断电梯的安全回路。电梯的超速保护功能，在电梯的电气控制和机械结构的设计上采用了多重的安全保护措施，对电梯乘客的人身安全提供了可靠的保护。

6. 安全触板保护功能

在电梯关门过程中，当有人或物品碰撞到电梯轿门侧的安全触板时，电梯门将立即停止关闭，并重新打开梯门，以防止乘客或物品被门夹住，确保安全；当门开尽后，再自动进行关门操作。本功能用于旁开门电梯时，为单侧安全触板保护；用于中分门电梯时，为双侧安全触板保护。

7. 门过载保护功能

电梯的门系统中设置有门过载保护开关，当在电梯的开、关门过程中因受阻而导致开、关门动作力矩过大时，门过载保护开关动作，电梯门将往与原动作方向相反的方向动作，从而实现对门电机及障碍物的保护。

8. 开关门时间超长保护功能

当电梯门在开关过程中受到阻碍而其阻力又不足以过载保护开关动作时，电梯系统会自动对开关门的时间进行计算，一旦开关门所用时间超出设定时间，电梯门将反向动作以实现对电机及障碍物的保护。

9. 开门异常自动选层功能

当电梯因开门受阻而无法正常打开时，电梯系统会自动对开门时间进行计算，当时间超过设定值时，电梯会自动关门并运行到邻近的服务层尝试再开门，以使当电梯某层发生开门故障时，到该层的乘客能在邻近的层楼离开轿厢；且电梯系统保持正常运行状态，避免由某层的发生开门故障而影响正常的电梯运行。

10. 电动机空转保护功能

当电梯的轿厢（或对重）受障碍物阻挡而停止下行，会导致电动机空转、曳引绳在曳引轮上打滑。当此故障发生，电梯系统将使电梯立即停止运行并保持停车状态。本功能可以为电梯乘客的人身安全提供最可靠的保护。

11. 电动机过热保护功能

电梯系统能对电梯电动机的温度作实时的自动监测，当发现其温度大于设定值时，电梯对此状态立即作出故障记录和处理，使电梯在平层停车后停在门区中并使电梯门保护开启状态；当电梯电动机的温度恢复正常后，电梯自动恢复到正常运行状态。

12. 对讲机通信功能

当电梯发生故障或意外时，电梯内乘客可以通过轿内对讲机与外界进行联络，实现轿厢对电梯机房或其他控制室的呼叫、电梯机房或其他控制室与轿厢之间的对讲通信的功能。电梯的对讲机通信系统，主要由安装在轿厢操纵箱中的对讲机子机和安装在机房的控制柜上或其他控制室中设置的对讲机母机构成。乘客在轿厢内可通过按下操纵箱上的紧急呼叫按钮，呼叫机房或其他控制室中设置的对讲母机，电梯管理人员可通过按下对讲母机的选择键，实现与对应的对讲子机通话，从而实现轿厢内与外界的通信功能。

13. 警铃报警功能

当电梯发生故障或意外时，电梯内乘客可以通过警铃来向外界报警求救。乘客在按动对讲机呼叫按钮呼唤母机进行对讲通信的同时，会使安装于轿厢上的警铃作响，以向外界进行呼救报警，当对讲机接通进行通话时松开呼叫按钮，则警铃停止作响。当对讲机母机无人接听，或通话完毕时继续按动呼叫按钮，则警铃继续作响。

14. 故障低速自救运行功能

电梯发生故障可能会导致电梯在非平层区域停车，当故障被排除后或该故障并不是重大的安全类故障时，电梯可自动以低速（15m/min）进行自动救援运行，并在最近的服务层停车开门，以防止将乘客困在轿厢中。电梯低速自救运行期间，轿顶蜂鸣器会发生警报声。电梯除在最低层非门区停车，进行故障低速自救运行会向上运行外，一般都会向下低速运行，到最近的服务层平层位置停车开门。当电梯低速自救运行回到最近的服务层平层位置停车开门后，轿顶蜂鸣器停止响动，若故障已排除，电梯会自动恢复正常运行；若故障未被排除，则电梯保持开门状态，不允许启动运行，等待电梯维修保养人员到来排除故障。

15. 停车在非门区报警功能

当电梯因电网停电而停在非门区位置时，电梯操作人员往往需要对电梯进行盘车操作以便将电梯乘客救出轿厢。在此情况下，为使在机房中的操作人员能准确地将轿厢盘车到门区位置，在确认电梯安全回路已断开的情况下，操作人员在盘车前可预先接通机房控制柜中的“救援”开关，这时控制柜内的蜂鸣器发出警报声，以示电梯轿厢未到达门区位置，当操作人员将电梯轿厢盘车至开门区域时，蜂鸣器的警报声停止，表示电梯此时的轿厢已到达门区位置，可开门救出被困的电梯乘客。

16. 位置异常自动校正功能

在电梯的运行过程中，电梯系统会自动对轿厢所在的位置进行监测和分析，当由于故障或人为的操作而使电梯轿厢的实际位置与系统分析结果不相符时，电梯会自动以低速（15m/min）驶返最低层，以重新对轿厢位置作出校正。在确认了轿厢位置与系统分析结果一致后，电梯恢复正常运行状态。

17. 停电应急照明功能

电梯正常使用中发生停电时，轿厢内的停电应急照明灯自动点亮，给轿厢内提供应急照明。紧急照明持续时间应大于 30 分钟，轿厢地面的照度须大于 1Lux，紧急照明光源在操作面板上方。当照明电源恢复正常时，紧急照明自动切断。紧急照明将由一个带充电器的镉镍电池供电，失电后的镉镍电池应能在 24 小时内充电恢复容量。

18. 轿顶检修操作功能

在电梯检修时，控制检修装置行使轿厢运行的控制功能。操作人员通过本功能，可在电梯轿顶检修开关对电梯进行慢速（15m/min）检修运行，以点动的方式控制电梯上、下行，以进行电梯检修工作。

19. 轿内检修操作功能

在电梯检修时，控制检修装置行使轿厢运行的控制功能。操作人员通过本功能，可通过电梯轿内操纵箱开关盒内的检修开关，对电梯进行慢速（15m/min）检修运行，以点动的方式控制电梯上、下行，以进行电梯检修工作。

20. 机房内检修操作功能

在电梯检修时，控制检修装置行使轿厢运行的控制功能。操作人员通过本功能，可在电梯机房内的检修开关对电梯进行慢速（15m/min）检修运行，以点动的方式控制电梯上、下行，以进行电梯检修工作。

21. 无呼自返基站功能

电梯在无召唤指令登记的状态下，自动返回预先设定的基站并关门待机，方便以最快的速度为基站的乘客提供服务。本功能中，基站所设置的层站由客户进行选定。

22. 运行次数显示功能

在电梯的控制柜中装有一个电磁计数器，能对电梯的运行次数作出累计。客户可通过此计数器上的运行次数值对电梯的使用情况作一个大概的了解。

23. 启动补偿功能

电梯能根据轿厢载重量的不同，自动调整其预置启动力矩，使电梯的启动过程平稳、舒适。

24. 微动平层功能

提升高度较大的电梯，在电梯运行到达目的层站平层开门后，由于乘客的进出会使轿厢的载重量发生变化，当轿厢的载重量变化较大时，曳引钢丝绳会产生较大的伸缩形变，导致电梯轿厢产生平层位置偏差的现象。此时电梯将在开门状态下以极低的速度自动进行微动运行，使轿厢重新回到平层位置，补偿因曳引钢丝绳的伸缩变形而引起的平层位置偏差，保障乘客出入轿厢的安全。

25. 消防员专用功能

本功能适用于当建筑物发生火灾时消防员需对电梯进行操作的场合。

一般情况下，在电梯中如果选择了“消防员专用功能”，则自动包括了“消防迫降功能”，即“消防员专用功能”包括“消防迫降功能”与“消防员专用”两个阶段；当建筑物发生火灾，消防员需利用电梯进行救火时，接通设在消防避难层（一般为基站）的消防开关，使电梯进入消防迫降状态。

26. 司机操作功能

本功能适用于在电梯中设有专职电梯司机负责控制电梯运行的场合。电梯司机可以通过接通轿厢操纵箱开关盒中的“司机”开关使电梯进入司机操作状态。在司机操作状态下，电梯的厅外召唤指令可以正常登记，司机可以控制电梯的关门启动、选择运行方向及是否应答厅外召唤指令，为电梯乘客提供最佳的服务。在司机操作状态时，电梯司机通过对设置在操纵箱开关盒中的四个司机操作按钮的操作控制电梯的运行：电梯每一次启动均要司机按住“出发”按钮直到电梯关门启动后才能松手，否则电梯自动开门，电动启动运行后应答召唤指令自动平层开门，并保持开门状态；司机可以通过按动“上行”或“下行”按钮选择电梯的运行方向；电梯可以应答厅外的召唤指令，但在电梯运行中司机可以按下“通过”按钮，使电梯进入以内指令优先服务为原则的司机直驶运行状态，不响应顺向的厅外召唤信号，而应答同方向的最近层内指令，在响应完最近层内指令并平层开门后，司机直驶运行状态自动取消。

第七节　大型电气系统、自动化仪表调试及联合试运转

一、电力拖动系统

1. 电力拖动

（1）定义

1）电力拖动：用电能来驱动和控制生产机械。

2）拖动：驱动、控制。

（2）电力拖动设施的组成

电力拖动设施由三个部分组成：

1）电动机。

2）电动机的控制设备和保护设备。

3）电动机与生产机械的传动装置。

（3）在电力拖动的运动环节中生产机械对电动机运转的要求

1）启动。

2）改变运动的速度（调速）。

3）改变运动的方向（正反转）。

4）制动。

2. 电力拖动系统

（1）定义

用电动机拖动生产机械运动的系统。

（2）电力拖动系统的组成

电力拖动系统主要由三个基本环节组成：

1）电动机。

2）传动机构。

3）控制设备。

（3）电力拖动系统的关系

电动机与传动机构以及控制设备三者之间的关系如图 4-13 所示。

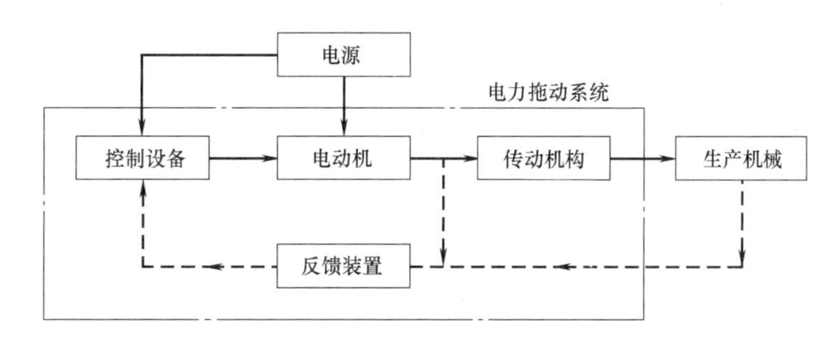

图 4-13　电力拖动系统示意图

由于开环的电力拖动系统无反馈装置，只有闭环系统中使用反馈装置，图 4-13 中反馈装置及反馈控制方向用虚线表示。

3. 电力拖动系统调试

（1）启动

电力拖动系统对起动过程的基本要求是：电动机的起动转矩必须大于负载转矩，起动电流要有一定限制，以免影响周围设备的正常运行。

对于鼠笼式异步电动机，其起动性能较差。容量越大，起动转矩倍数越低，启动越困难。若普通鼠笼式异步机不能满足起动要求，则可考虑采用深槽转子或双鼠笼转子异步机。若起动能力不能满足要求，可考虑采用软起动或变频启动。

直流电动机与绕线式异步电动机的起动转矩和起动电流是可调的，仅需考虑起动过程的快速性。而同步电动机的启动和牵入同步则较为复杂，通常仅适用于功率较大的机械负载。

对于同步电动机，可以采用变频、辅助电动机或自耦调压器启动。

（2）制动

制动方法的选择主要应从制动时间、制动实现的难易程度以及经济性等几个方面来考虑。

对于交、直流电动机（串励直流电动机除外），均可考虑采用反接、能耗和回馈三种制动方案。

（3）反转

对拖动系统反转的要求是：不仅能够实现反转，而且正、反转之间的切换应当平稳、连续。

一般来讲，直流电动机比交流电动机优越。但随着电力电子变流器技术的发展，交流电机包括无刷直流电动机、开关磁阻电动机等均可实现正、反转之间的平滑切换。

二、大型电气系统工程联动试运转

1. 送、停电要求

（1）经过有关单位检验合格后，配电柜方可送受电。

（2）送电前，各配电箱（柜）的主开关、分开关均要处于断开位置。

（3）送电时，先合总开关，后合分开关。停电先停分开关，后停总开关。

（4）送电。高压电由供电局负责送到变压器。变压器受电时，低压配电柜总开关必须放在断开的位置，待变压器运行 24 小时正常后，低压配电柜进线总开关方可合闸。总开关合闸前，低压配电柜所有的分开关必须全部放在断开位置。

（5）变配电所低压配电柜受电运行 24 小时正常后，方可向二级配电室配电箱（柜）送电。

（6）变配电所低压配电柜受电运行正常后，没有向二级配电室送电的回路，要在开关上挂上“禁止合闸”的警告牌。

（7）调试前，先将各层及楼道明显地方贴上送电标志牌，并通知现场各专业施工队伍。

2. 调试方法

（1）配电箱（柜）试运行

1）配电箱（柜）试运行前，要检查配电柜内无杂物，安装是否符合质量评定标准，相色、铭牌号是否齐全、正确。

2）配电箱（柜）金属外壳接地保护齐全、正确。

3）根据电气系统图明确所要试运行的配电箱（柜）由哪座变电所的低压配电柜供电。工程中存在一个低压配电回路通过环联方式同时为多个配电箱（柜）供电，因此当试运行其中一个配电箱（柜）时，要保证其他配电箱（柜）不能有非调试人员进行误操作。

4）当所要运行的配电箱（柜）外观检查合格后（要断开主开关、分开关），用对讲机告知变电所内的操作人员合上低压配电柜内的供电回路开关。当被变电所内的操作人员告知已送上电后，首先合上配电箱（柜）的主开关。然后再按回路逐一分别合分开关，检验每一路的试运行情况。在空载情况下，检查各保护装置的手动、自动是否灵活可靠。

事故箱要做好双电源切换试验，察看切换开关是否灵活可靠，以确保双电源切换正常。

然后采用相同的方法调试其他回路配电箱（柜），分楼座调试所有配电箱（柜），边送边查看，发现问题及时解决。

5）在调试的同时做好调试记录，并填写竣工资料。

（2）照明系统调试

1）通电试运行前检查：

a. 检查灯具、插座有无破坏，如有破损的灯具、插座要及时更换。

b. 复查总电源开关至各照明回路进线电源开关接线是否正确。

c. 照明配电箱及回路标识应正确一致。

d. 检查漏电保护器接线是否正确，严格区分工作零线（N）与专用保护零线（PE），专用保护零线（PE）严禁接入漏电保护开关。

e. 断开各回路分电源开关，合上总进线开关，检查漏电测试按钮是否灵敏有效。

2）分回路试通电：

a. 各回路灯具等用电设备开关全部置于断开位置。

b. 逐次合上各分回路电源开关。

c. 分回路逐次合上灯具等的控制开关，检查开关与灯具控制顺序是否对应、风盘的调速开关及风阀控制是否正常。

d. 用试电笔检查各插座相序连接是否正确，带开关插座的开关是否能正确关断相线。

3）故障检查整改：

a. 发现问题应及时排除，不得带电作业。

b. 对检查中发现的问题应采取分回路隔离排除法予以解决。

c. 对开关一送电，漏电保护就跳闸的现象重点检查工作零线与保护零线是否混接、导线是否绝缘不良。

4）分楼座、分层、分户调试完毕后，进行总体送电运行调试，先切断各区的照明控制箱主开关，配电间上锁；然后对主干线电缆、封闭母线空载送电，运行24h后作一次全面检查，发现问题及时解决。当主干线无问题后，再为照明灯具、插座送电，所有灯具均应开启，且每2h记录运行状态一次，连续试运行24h内无故障。

5）在调试的同时做好调试记录，并填写竣工资料。

（3）动力系统调试

1）通电试运行前检查：

a. 检查各动力配电箱（柜）是否已经全部切断电源。

b. 检查各动力配件组成部分（如母线、电缆、电动机等），是否测试合格及接线准确。

c. 动力设备的金属外壳要可靠接地。接触器、继电器接线正确。

d. 对远距离操作设备进行检验时，在设备附近应设专人监视其动作情况，并用对讲机互通信息。

e. 工作场所应有适当的照明装置。在需要读取仪表示数的地方，必须有足够的照明。

2）分回路试通电：

a. 将各动力设备开关全部处于断开位置。

b. 合上配电柜主开关，先打开一路动力控制开关，再开启相关的动力设备。用点动的方法检查各辅助传动电动机的旋转方向是否正确。

c. 查看电动机在不同档位（速度）工作是否正常。

d. 启动设备后试运人员要坚守岗位，密切注意仪器仪表指示，电动机的转速、声音、温升及继电保护、开关、接触器等器件是否正常。随时准备出现意外情况而紧急停车。

e. 传动装置应在空载下进行试运，空载运行良好后，再带负荷。

f. 由多台电动机驱动同一台机械设备时，应在试运前分别启动，判明方向后再系统试运。

g. 试运时如果电气或机械设备发生特殊意外情况，来不及通知试运负责人，操作人员可自行紧急停车。

h. 试运中如果继电保护装置动作，应尽快查明原因，不得任意增大整定值，不准强行送电。

3）按照相同方法分楼座、分段、分系统逐一试运其他动力设备。

4）在试运调试的同时做好调试记录，并填写竣工资料。

3. 其他专业的配合

因为大型电气系统专业多、系统复杂，因此在做电气调试的时候，需要给水排水、空调通风、楼宇自控、消防等专业的紧密配合。

如：地下室排污泵，要有给水排水专业的技术人员在现场，协助调试，有些配电箱在消防时需要切断电源，应急灯具在消防时需要强行点亮。送风机组、排烟、排风机组在消防时都有各自的控制要求。

因此各专业在调试时要相互配合，使设备达到各自专业的控制及使用要求。

同时，工程中有许多专业设备机组，因此调试时要有设备厂家的技术人员到现场配合工作，以便使设备达到预期设计的控制使用标准。

三、自动化仪表系统调整和试运行

生产过程中经常出现仪表故障现象，由于检测与控制过程中出现的故障现象比较复杂，正确判断、及时处理生产过程中仪表故障，不但直接关系到生产的安全与稳定，同时，也涉及产品的质量和消耗，而且也最能反映出仪表维护人员的实际工作能力和业务水平，也是仪表维护人员能否获得工艺操作人员信任，彼此配合密切的关键。现阶段自动化水平的不断提高，对现场仪表维护人员的技术水平提出了更高要求，要随时对生产过程中使用的仪表进行维护并能对常见故障及时处理。

1. 自动化仪表系统调试问题分析

由于生产操作管道化、流程化、全封闭等特点，尤其是现代化的企业自动化水平很高，工艺操作与检测仪表密切相关，工艺人员通过检测仪表显示的各类工艺参数，诸如反应温度、物料流量、容器的压力和液位、原料的成分等来判断工艺生产是否正常，产品的质量是否合格，根据仪表指示进行加量或减产，甚至停车。

仪表指示出现异常现象（指示偏高、偏低，不变化，不稳定等），本身包含两种因素：一是工艺因素，仪表正确的反映出工艺异常情况；二是仪表因素，由于仪表（测量系统）某一环节出现故障而导致工艺参数指示与实际不符。这两种因素总是混淆在一起，很难马上判断出故障到底出现在哪里。仪表维护人员要提高仪表故障判断能力，除了对仪表工作原理、结构、性能特点熟悉外，还需熟悉测量系统中每一个环节，同时，对工艺流程及工艺介质的特性、设备的特性应有所了解，这能帮助仪表维护。

总之，分析现场仪表故障原因时，要特别注意被测控制对象和控制阀的特性变化，这些都可能是造成现场仪表系统故障的原因。所以，我们要从现场仪表系统和工艺操作系统两个方面综合考虑，仔细分析，检查原因所在。

2. 四大测量参数仪表控制系统调试问题分析步骤

（1）温度控制仪表系统分析步骤

温度控制仪表系统故障时，首先要注意两点：该系统仪表多采用电动仪表测量、指示、控制；该系统仪表的测量往往滞后较大。

1）温度仪表系统的指示值突然变到最大或最小，一般为仪表系统故障。因为温度仪表系统测量滞后较大，不会发生突然变化。此时的故障原因多是热电偶、热电阻、补偿导线断线或变送器放大器失灵造成。

2）温度控制仪表系统指示出现快速振荡现象，多为控制参数 PID 调整不当造成。

3）温度控制仪表系统指示出现大幅缓慢的波动，很可能是由于工艺操作变化引起的，如当时工艺操作没有变化，则很可能是仪表控制系统本身的故障。

4）温度控制系统本身的故障分析步骤：检查调节阀输入信号是否变化，输入信号不变化，调节阀动作，调节阀膜头膜片漏了；检查调节阀定位器输入信号是否变化，输入信号不变化，输出信号变化，定位器有故障；检查定位器输入信号有变化，再查调节器输出有无变化，如果调节器输入不变化，输出变化，此时是调节器本身的故障。

（2）压力控制仪表系统故障分析步骤

1）压力控制系统仪表指示出现快速振荡波动时，首先检查工艺操作有无变化，这种变化多半是工艺操作和调节器 PID 参数整定不好造成。

2）压力控制系统仪表指示出现死线，工艺操作变化了压力指示还是不变化，一般故障出现在压力测量系统中，首先检查测量引压导管系统是否有堵的现象，不堵，检查压力变送器输出系统有无变化，有变化时，故障出在控制器测量指示系统。

（3）流量控制仪表系统故障分析步骤

1）流量控制仪表系统指示值达到最小时，首先检查现场检测仪表，如果正常，则故障在显示仪表。当现场检测仪表指示也最小，则检查调节阀开度，若调节阀开度为零，则常为调节阀到调节器之间故障。当现场检测仪表指示最小，调节阀开度正常，故障原因很可能是系统压力不够、系统管路堵塞、泵不上量、介质结晶、操作不当等原因造成。若是仪表方面的故障，原因有：孔板差压流量计可能是正压引压导管堵；差压变送器正压室漏；机械式流量计是齿轮卡死或过滤网堵等。

2）流量控制仪表系统指示值达到最大时，则检测仪表也常常会指示最大。此时可手动遥控调节阀开大或关小，如果流量能降下来则一般为工艺操作原因造成。若流量值降不下来，则是仪表系统的原因造成，检查流量控制仪表系统的调节阀是否动作；检查仪表测量引压系统是否正常；检查仪表信号传送系统是否正常。

3）流量控制仪表系统指示值波动较频繁，可将控制改到手动，如果波动减小，则是仪表方面的原因或是仪表控制参数 PID 不合适，如果波动仍频繁，则是工艺操作方面原因造成。

(4) 液位控制仪表系统故障分析步骤

1) 液位控制仪表系统指示值变化到最大或最小时，可以先检查检测仪表看是否正常，如指示正常，将液位控制改为手动遥控液位，看液位变化情况。如液位可以稳定在一定的范围，则故障在液位控制系统；如稳不住液位，一般为工艺系统造成的故障，要从工艺方面查找原因。

2) 差压式液位控制仪表指示和现场直读式指示仪表指示对不上时，首先检查现场直读式指示仪表是否正常，如指示正常，检查差压式液位仪表的负压导压管封液是否有渗漏；若有渗漏，重新灌封液，调零点；无渗漏，可能是仪表的负迁移量不对了，重新调整迁移量使仪表指示正常。

3) 液位控制仪表系统指示值变化波动频繁时，首先要分析液面控制对象的容量大小，来分析故障的原因，容量大一般是仪表故障造成。容量小的首先要分析工艺操作情况是否有变化，如有变化很可能是工艺造成的波动频繁。如没有变化可能是仪表故障造成。

第八节 电力线路、高压电缆

一、架空电力线路概述

1. 线路的电压分类

我国现行电压标准规定分为三类：

(1) 第一类额定电压在100V以下，主要用于安全照明及开关设备的直流操作电源，如单相36V、24V、12V。

(2) 第二类额定电压在100～1000V，主要用于动力和照明，如线电压380V，相电压220V。

(3) 第三类额定电压超过1000V，用于高压输配电线及高压用电设备。

2. 供电要求及电力负荷的分级

(1) 供电要求

1) 安全、可靠。在输配电和用电过程中应确保安全，不发生人身事故、设备事故，并保证供电的可靠性、连续性。

2) 经济、合理。输配电系统应选材适宜，投资少和运行费用低；线路的布局应全面考虑，近期和发展等规划力求合理。

(2) 电力负荷的分级

1) 一级负荷：突然停电造成的人身伤亡、造成重大设备损坏难以修复、报废，引起混乱造成严重经济损失和严重的政治影响的负荷。

2) 二级负荷：突然停电造成产品大量报废，造成主要设备损坏，使重点企业严重停产、减产、停工。打乱大部分居民正常生活等造成严重影响的负荷。

3) 三级负荷：除一、二级以外的负荷。

3. 架空线的截面选择

10kV及以下一般应满足导线的机械强度、允许持续电流和电压损失三个条件。

(1) 根据机械强度选择

低压架空线不应用单股的铝或铝合金导线，高压线路不应采用单股铜导线。

（2）根据允许持续电流选择

负荷电流流过导线时，由于导线有电阻，将导致导线发热，温度上升，使绝缘导线老化，损坏；使接头加剧氧化，增加接触电阻，严重时发生断电事故。允许电流计算如下：

$$I_j=\frac{P_j}{\sqrt{3}U\cos\phi}$$

式中　I_j——线路中计算电流值（A）；

P_j——线路中计算有功功率（W）；

U——三相电路的线电压（V）。

（3）根据电压损失选择

由于线路存在阻抗，电流通过线路时会产生一定的电压损失，如果电压损失过大，负载就不能正常工作。

4. 架空线路的安全距离（见表 4-14）

架空线路的安全距离表　　**表 4-14**

<table>
<tr><th>项目</th><th colspan="7">邻近线路或设施类别</th></tr>
<tr><td rowspan="2">最小净空距离(m)</td><td colspan="3">过引线、接下线与邻线</td><td colspan="2">架空线与拉线电杆外缘</td><td colspan="2">树梢摆动最大时</td></tr>
<tr><td colspan="3">0.13</td><td colspan="2">0.05</td><td colspan="2">0.5</td></tr>
<tr><td rowspan="3">最小垂直距离(m)</td><td rowspan="2">同杆架设下方的广播线路通信线路</td><td colspan="3">最大弧垂与地面</td><td rowspan="2">最大弧垂与暂设工程顶端</td><td colspan="2">与邻近线路交叉</td></tr>
<tr><td>施工现场</td><td>机动车道</td><td>铁路轨道</td><td>1kV以下</td><td>1～10kV</td></tr>
<tr><td>1.0</td><td>4.0</td><td>6.0</td><td>7.5</td><td>2.5</td><td>1.2</td><td>2.5</td></tr>
<tr><td rowspan="2">最小水平距离(m)</td><td colspan="3">电杆至路基边缘</td><td colspan="2">电杆至铁路轨道边缘</td><td colspan="2">边线与建筑物凸出部分</td></tr>
<tr><td colspan="3">1.0</td><td colspan="2">杆高+3.0</td><td colspan="2">1.0</td></tr>
</table>

5. 架空线路的结构

（1）导线的种类及选用

钢芯铝绞线（LGJ）：内部是钢线，外部是铝线。主要由钢线受力，电流从铝线流过。

铝绞线（LJ）：一般用于 35kV 以下的架空线路上，机械强度比钢芯铝绞线小，电杆间的距离不超过 100～150m。

铜绞线（TJ）：机械强度高，导电性好，抗腐蚀，但是较贵重。

钢绞线（G）：机械强度大，导电性次于铜和铝，易氧化，多用于小功率架空线路和接地线。

在选用方面，先进行外观检查，然后检查有无腐蚀，对钢绞线还要检查镀锌是否完好，有无断股现象。

（2）电杆的种类及选用

1）电杆的种类：

木杆：重量轻，施工方便，成本低；但易腐蚀，使用年限短，一般不宜采用。

金属杆：较坚固，年限长；但消耗钢材多，易腐蚀，造价和维护费用大，多用于

35kV 以上的架空线路（图 4-14）。

图 4-14　电力电杆的种类示意图

水泥杆：经久耐用，造价低，但笨重，施工费用大，较为广泛。

2）电杆的结构形式：

直线杆（中间杆）：只承受导线的垂直负荷和侧向风力，不承受沿线路方向的导线拉力。

耐张杆（承力杆）：在断线事故发生时，能承受一侧导线的拉力。

转角杆：用于要转角的地方。

终端杆：位于始端和终端。

跨越杆：用于铁道、河流、道路和电力线路交叉的两侧。杆高，而且承受力大。

分支杆：能承受分支线路导线的全部拉力。

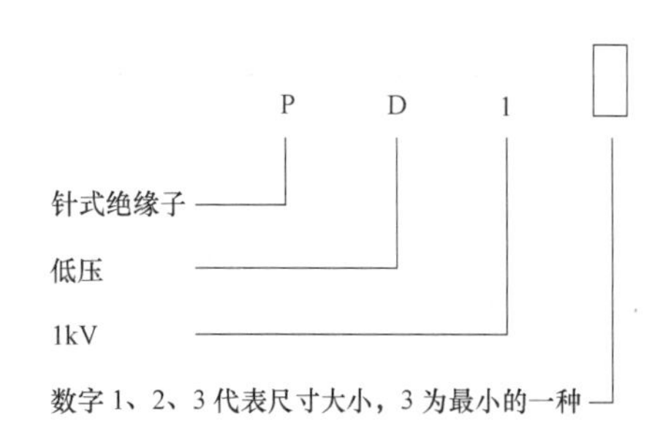

图 4-15　低压针式绝缘子型号含义

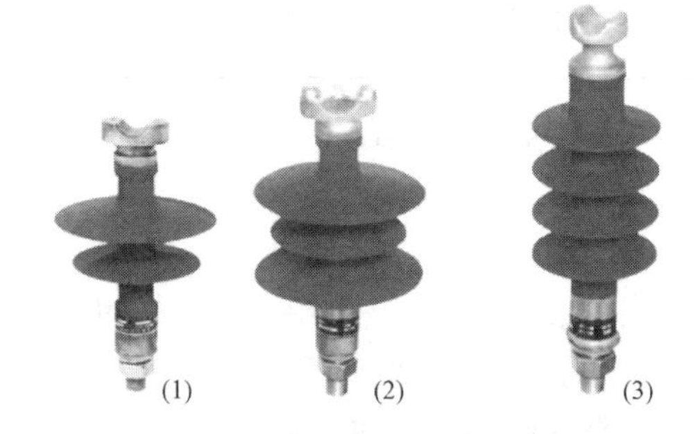

图 4-16　针式绝缘子实物样例

6. 绝缘子的选用

针式绝缘子：分高压、低压两种（图 4-15、图 4-16）

碟式绝缘子：分高压，低压（图 4-17、图 4-18）

7. 线路金具

在敷设线路中，横担的组装，绝缘子的安装，导线的架设及电杆拉线的制作等都需要一些金属部件，统称为线路金具。

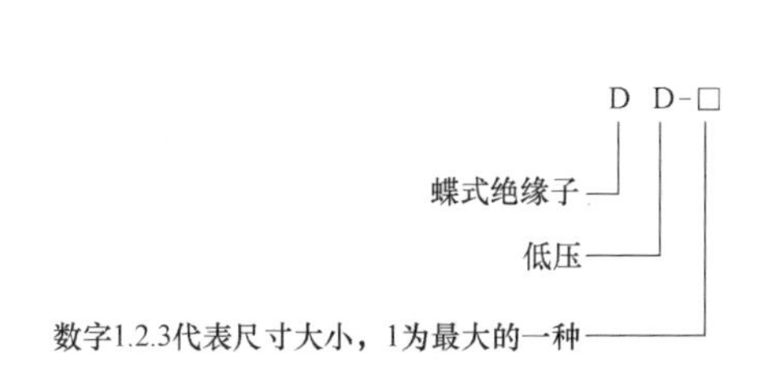

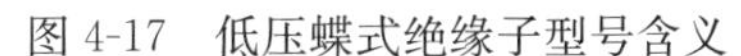

图 4-17　低压蝶式绝缘子型号含义

图 4-18　低压蝶式绝缘子实物样例

（1）金具的作用

在架空线路上用于悬挂、固定、保护、连接、接续架空线或绝缘子以及在拉线杆塔的拉线结构上用于连接拉线的金属器件。

（2）金具的种类

1）悬垂线夹：在直线杆塔上悬挂架空线的金具。起到悬挂和一定的紧握作用，再经其他金具及绝缘子与杆塔的横担或地线支架相连，如图 4-19 所示。

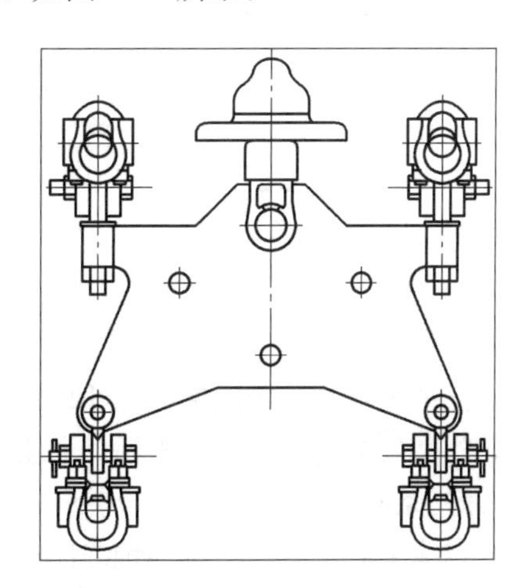

图 4-19　悬垂线夹示意图

2）耐张线夹：在一个线路耐张段的两端固定架空线的金具，主要用在耐张、转角、终端杆塔的绝缘子串上，如图 4-20、图 4-21 所示。

耐张线夹的主要作用是将导线固定在非直线杆塔的耐张绝缘子串上或将避雷线固定在直线杆塔上。

3）连接金具：将悬式绝缘子组装成串，并将一串或数串绝缘子串连接，悬挂在杆塔横担上。联结金具分为专用联结金具和通用联结金具两类。

专用连接金具是直接用来连接绝缘子的，其连接部位的结构尺寸与绝缘子相配合。有球头挂环、碗头挂板、直角挂环、直角挂板。

通用连接金具用于将绝缘子组成两串、三串或更多串数，并将绝缘子与杆塔横担或与线夹之间相连接，也用来将地线紧固或悬挂在杆塔上，或将拉线固定在杆塔上等。有 U 形挂环、U 形挂板、直角挂板、平行挂板

4）接续金具：用于架空线路导线及避雷线终端的接续、非直线杆塔跳线的接续及导

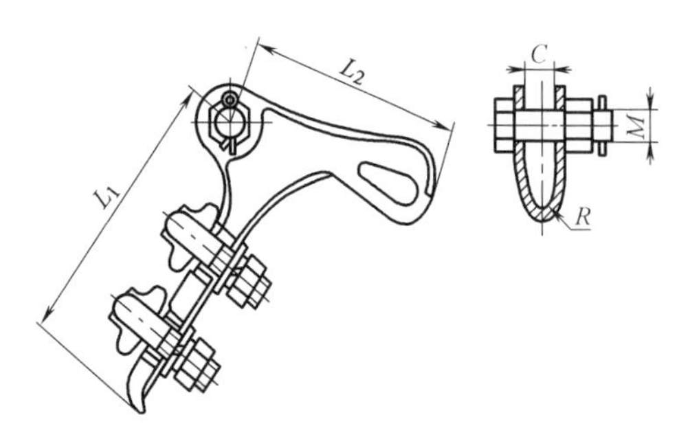

图 4-20　螺栓型

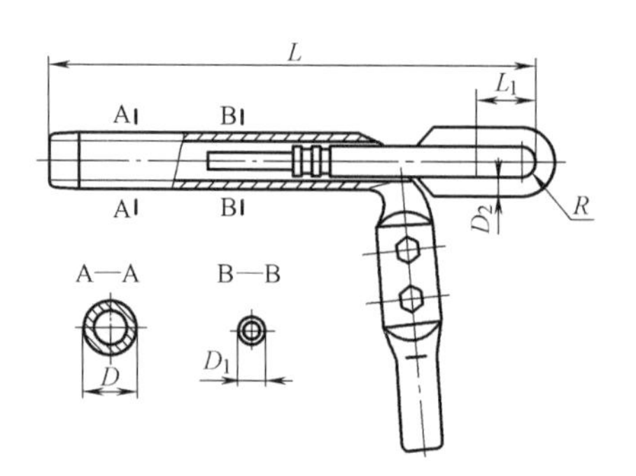

图 4-21　液压型

线的补修等。

接续金具除承受导线或避雷线的张力作用外，大部分接续金具还要传导与导线相同的电气负荷。其强度和握力不低于架空导线计算拉断强度的 95%，如图 4-22 所示。

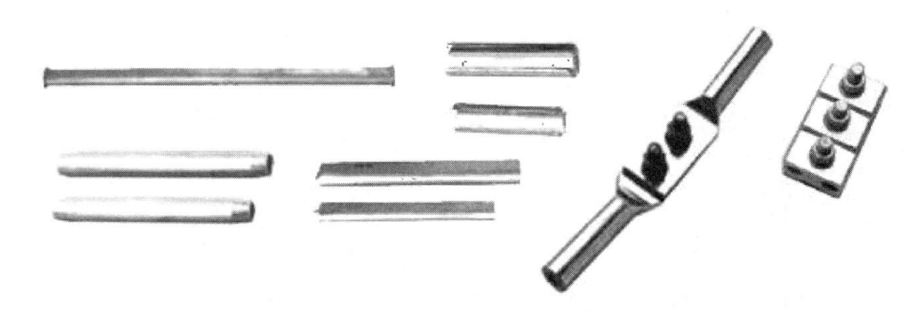

图 4-22　接续金具

5）保护金具：改善或保护导线以及绝缘子金具串的机械与电气工作条件的金具。

6）防微风振动金具：防震锤，通常安装在线夹附近。预绞丝护线条，包缠在线夹处导线外面的条状金具。

7）拉线金具：由杆塔至地锚之间连接、固定、调整和保护拉线的金属器件，用于拉线的连接和承受拉力之用。

二、架空电力线路施工要点

1. 杆坑与拉线坑的定位

根据图纸，勘测地形、管道和建筑物等架设线路有无妨碍，确定走向，确定耐张杆、转角杆、终端杆等特殊杆，然后确定直线杆。

2. 拉线杆的定位

直线杆的拉线与线路中心平行或垂直；转交杆的拉线位于转角的平分角线上，拉线与电杆中心线的夹角一般为 45°，受限地区角度可减少到 30°。拉线坑位与电杆的水平距离可按下述方法确定：在平分角线上以电杆位置为起点，沿受力的反方向取距离 L，在 L 终端定一标桩。

$$L=(\text{拉线高度}+\text{拉线坑深度})\tan\phi$$

如 $\phi=45°$时，$\tan\phi=1$，则 L=拉线长度+拉线坑深度

3. 挖坑

分为圆形坑和梯形坑，如图 4-23、图 4-24 所示。

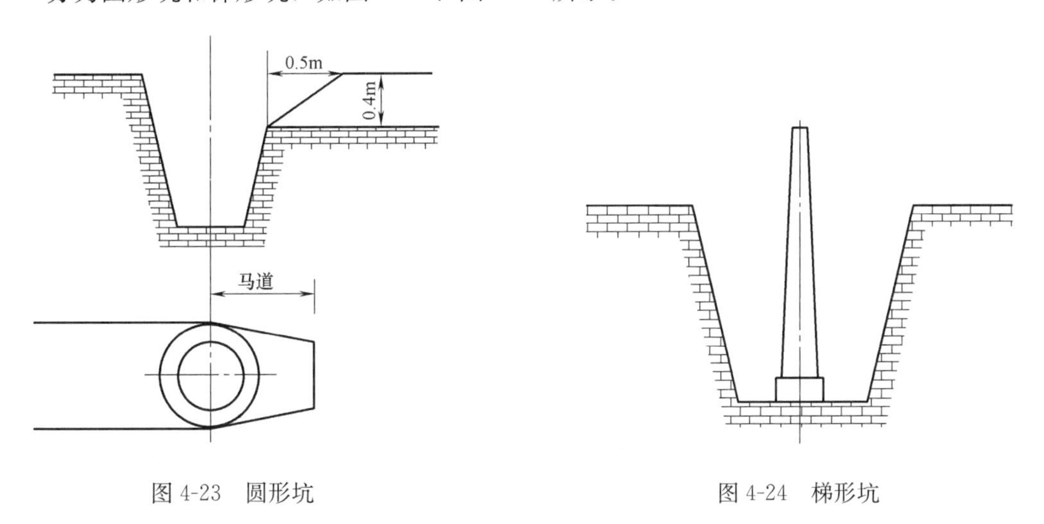

图 4-23　圆形坑

图 4-24　梯形坑

注意事项：由于杆身较重、较高及带卡盘和底盘的电杆，为立杆方便可挖成梯形杆，坑深≤1.8m 用二阶杆坑，在 1.8m 以上的采用三阶杆坑。

为了防止塌方和施工方便，坑口尺寸要大于坑底尺寸。

4. 架空线路的导线架设方法

（1）流程

放线→紧线→绝缘子绑扎→搭接过引线、引下线。

（2）放线

将导线运到线路首端（紧线处），用放线架架好线轴，然后放线。

一般放线有两种方法：一种方法是将导线沿电杆根部放开后，再将导线吊上电杆；另一种方法是在横担上装好开口滑轮，一边放线一边逐档将导线吊放在滑轮内前进。

1）放线过程中，应对导线进行外观检查，不应发生磨伤、断股、扭曲、金钩、断头等现象。当导线发生下列状况时应采取相应措施。当导线在同一处损伤，同时符合下列情况时，应将损伤处棱角与毛刺用 0 号砂纸磨光，可不作补修：

a. 单股损伤深度不小于直径 1/2。

b. 钢芯铝绞线、钢芯铝合金绞线损伤截面积小于导电部分截面积的 5%，且强度损失小于 4%。

c. 单金属绞线损伤截面积小于 4%。

当导线在同一处损伤状况超过以上范围时，均应进行补修。补修做法应符合施工及验收规范的规定。

2）导线宜避免接头，不可避免时，接头应符合下列要求；

a. 在同一档路内，同一根导线上的接头不应超过一个。导线接头位置与导线固定处的距离应大于 0.5m，当有防震装置时，应在防震装置以外。

b. 不同金属、不同规格、不同绞制方向的导线严禁在同档距内连接。

c. 当导线采用缠绕方法连接时，连接部分的线股应缠绕良好，不应有断股、松股等缺陷。

d. 当导线采用钳压管连接时，应清除导线表面和管内壁的污垢。连接部位的铝质接触面应涂一层电力复合脂，用细钢丝刷清除表面氧化膜，保留涂料，进行压接。压口数及压口位置，深度等应符合规范规定。

e. 1kV 以下线路采用绝缘线架设时，放线过程中不应损伤导线的绝缘层及出现扭、弯现象。

（3）紧线

1）在线路末端将导线卡固在耐张线夹上或绑回头挂在蝶式绝缘子上。

裸铝导线在线夹上或在蝶式绝缘子上固定时，应缠包铝带，缠绕方向应与导线外层绞股方向一致，缠绕长度应超出接触部分 30mm。

2）绑扎用的绑线，应选择与导线同金属的单股线，其直径不应小于 2mm。

3）绝缘子安装应符合下列规定：

a. 安装应牢固，连接可靠，防止积水。

b. 安装时应清除表面污垢、附着物及不应有的涂料。

c. 绝缘子裙边与带电部位间隙不应小于 50mm。

4）悬式绝缘子安装应符合下列规定：

a. 与电杆、导线金具连接处，无卡压现象。

b. 耐张串上的弹簧销子、螺栓及穿钉应由上向下穿。

c. 悬垂串上的弹簧销子、螺栓及穿钉应向受电侧穿入。两边线应由内向外，中线应由左向右穿入。

5）在首端杆上，挂好紧线器或在地锚上拴好捯链。先将两边线用人力初步拉紧，然后用紧线器或捯链紧线。观测导线驰度达到要求后，将导线卡固在耐张线夹上或套在蝶式绝缘子上绑回头（裸铝导线应缠包铝带），最后，平衡绷起其他导线，注意调整好各导线的弧度，并找平。

a. 导线架设后，导线对地及交叉跨越距离，应符合设计要求。

b. 导线紧好后，弧垂的偏差不应超过设计弧垂的±5%。同档内各相导线弧垂宜一致，在满足弧垂允许偏差规定时，各相间弧垂的相对偏差不应超过 200mm。

（4）绝缘子绑扎

直线杆的导线在针式绝缘子上的固定绑扎，应先由直线角度杆或中间杆开始，然后逐个向两端绑扎。

针式绝缘子绑扎应符合下列要求：

1）直线角度杆的导线应固定在针式绝缘子转角外侧的槽内。

2）直线跨越杆的导线应采用双绝缘子固定，导线本体不应在固定处出现角度。

3）高压线路直线杆的导线应固定在针式绝缘子顶部的槽内，并绑双十字；低压线路直线杆的导线可固定在针式绝缘子侧面的槽内，可绑单十字。

（5）搭接过引线、引下线

在耐张杆、转角杆、分支杆、终端杆上搭接过引线或引下线。搭接过引线、引下线应符合下列要求：

1）过引线应呈均匀弧度，无硬弯；必要时应加装绝缘子。

2）搭接过引线、引下线，应与主导线连接，不得与绝缘子回头绑扎在一起；铝导线间的连接一般应采用并沟线夹，但 $70mm^2$ 及以下的导线可以采用绑扎连接，绑扎长度不应小于相关规定。

3）铜、铝导线的连接应使用铜铝过渡线夹，或有可靠的过渡措施。

4）10kV 线路采用并沟线夹连接过渡引线时，线夹数量不应少于两个；连接面应平整、光洁，导线及并沟线夹槽内应清除氧化膜，涂电力复合脂。

5）1～10kV 线路每相过引线、引下线与邻相的过引线、引下线或导线之间，安装后的净空距离不应小于 300mm；1kV 以下线路不应小于 150mm。

（6）线路的导线与拉线、电杆或构架之间安装后的净空距离，1～10kV 时，不应小于 200mm；1kV 以下时，不应小于 100mm。

（7）1kV 以下线路采用绝缘导线时，接头应符合现行国家规范规定，并应进行绝缘包扎。

（8）架空配电线路的防雷与接地应符合设计及规范规定。

5. 架空接户线的安装

（1）低压架空接户线一般要求

低压架空接户线自电杆引出点至第一点的间距不宜大于 25m，若大于 25m，应加装接户杆，如图 4-25、图 4-26 所示。

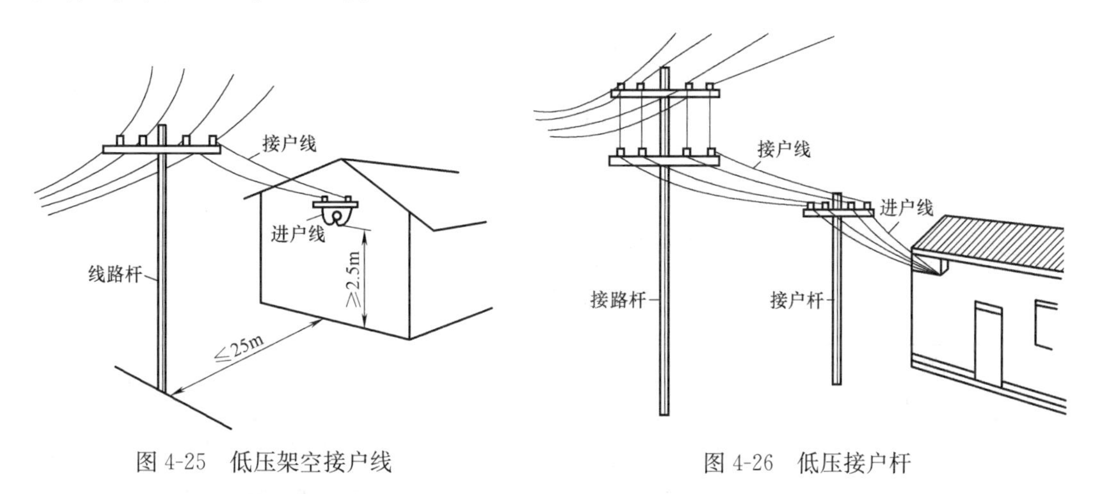

图 4-25　低压架空接户线　　图 4-26　低压接户杆

（2）接户线的安装

接户线一定是从低压电杆引接，不允许在线路的架空中间连接（图 4-27）。

三、高压电缆直流耐压试验

1. 直流耐压试验设备

电缆直流耐压已有成套试验设备可供选用。它将各种试验器具、仪表组合成套，使现场应用更加方便。表 4-15 是用于 35kV 电缆直流耐压试验的接线图，这里用了倍压整流电路。现简介如下：

（1）试验变压器 T——试验变压器又叫升压变压器。容量如表 4-15 所示。

（2）调压变压器 T1——容量为 1～3kVA，输出电压为 0～250V。

（3）整流器——高压硅堆 D。常用高压硅堆反峰电压分别为 150kV 和 200kV，最大整流电流为 1A。

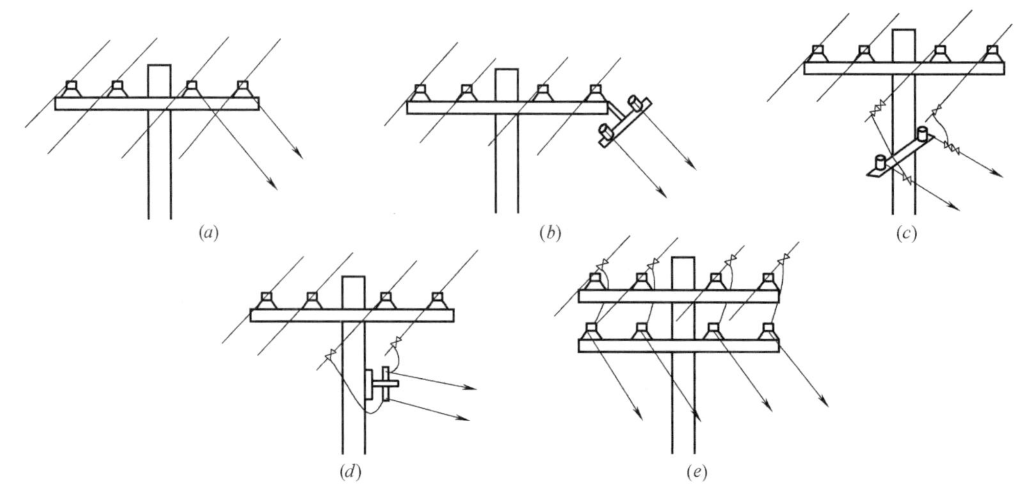

图 4-27　接户线安装

(*a*) 直线连接；(*b*) 丁字铁架连接；(*c*) 交叉安装的横担连接；(*d*) 特种铁架连接；(*e*) 平行横担连接

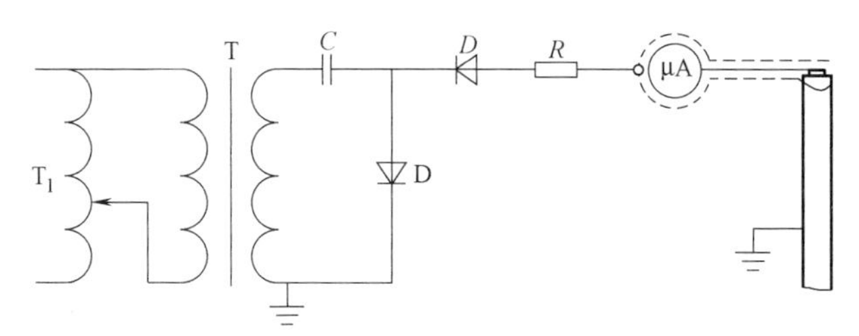

图 4-28　电缆直流耐压试验

电缆用试验变压器　　　　　　　　表 4-15

适　用　范　围	容量(kVA)	变　　比
6～10kV 电缆试验	1	200/30000～37500
35kV 电缆试验	1.5	200/50000～60000
电缆声测试验	3	200/30000～37500

由于在直流耐压试验中，当整流器截止时它自身承受的电压是试验电压的 2 倍，因此，直流试验电压不得大于整流器额定反峰电压的 1/2。

（4）泄漏电流表——微安表，用于测量电缆线路在高压直流电压下绝缘内的泄漏电流值。

（5）限流电阻 *R*——一般应用阻值为 500kΩ 的水电阻为限流电阻，用以限制试验回路内在加压瞬间产生的充电电流、当绝缘击穿时的击穿电流以及试验结束需释放的电缆剩余电荷等，可保护试验设备和仪表。

（6）电容器 *C*——为了获得倍压整流电压，必须在试验变压器高压侧与整流器之间串联一个电容器。其电压等级与被试电缆的试验电压有关，其电容量与被试电缆的电容及泄漏电流有关。

2. 电力油纸绝缘电缆直流试验电压标准

油纸绝缘电力电缆直流试验电压标准见表 4-16。

3. 油纸绝缘电缆采用直流耐压试验的优点

油纸绝缘电力电缆，除了制造厂在进行例行试验时采用交流电压外，安装和运行单位对电缆线路进行交接验收和预防性试验或故障修复后试验，都采用直流耐压。因为直流耐压试验具有下列优点：

纸绝缘电缆直流试验电压标准（施加电压/加压时间）　　表 4-16

额定电压(kV)	交接试验(kV/min)	预防性试验(kV/min)
6	36/5	33/5
10	50/5	47/5
35	140/5	130/5
110	254/15	用 1000V 兆欧表测护层绝缘电阻
220	510/15	

注：1. 电缆故障修理和改接后试验。6～35kV 电缆同预防性试验，110～220kV 电缆同交接试验。
2. 110～220kV 电缆外护套交接试验电压为直流 10kV，加压时间 1min。

（1）对电缆做直流耐压试验时一般以半波整流获得试验电压，并应用多倍压整流技术，故可用体积容量都较小的试验设备（试验变压器和整流设备），获得对较长电缆线路进行直流高压的试验电压。就是说，直流试验设备携带轻便，适合现场使用。

（2）交流耐压试验时，有可能引起绝缘空隙中产生游离放电，而导致绝缘的永久性损坏，采用直流耐压则避免了这样的情况发生。

（3）直流耐压试验时，可以同时测量泄漏电流，根据泄漏电流的数值及其随时间的变化，或泄漏电流和试验电压的关系可判断电缆的绝缘状况。

（4）电缆直流耐压试验，按规程规定采用负极性接线，即将导体接负极。这种接法的好处是，如果纸绝缘已经受潮，由于水带正电，在直流电压下，有明显电渗现象，会使水分于从表层移向导体（负极），从而使泄漏电流增大，甚至形成贯穿性通道，这样就有利于暴露纸绝缘中已经局部受潮的缺陷。

（5）直流耐压试验加压时间较短，如规程规定 6～35kV 电缆交接和预防性试验每相加压时间为 5min。这是因为直流击穿电压与加压时间关系不大，如有缺陷，一般在直流电压下几分钟内就可被发现，无需长时间加压。

4. 橡塑电缆的直流耐压试验

在我国直流电压目前仍然是 XLPE 电缆进行耐压试验的主要电源。试验电压一般为≤$3U$。现行试验标准见表 4-17 所示。

XLPE 电缆直流试验电压标准（施加电压/加压时间）　　表 4-17

额定电压(kV)	交接试验(kV/min)	预防性试验(kV/min)
10	25/5	25/5
35	78/5	用 500V 兆欧表测绝缘电阻
110	192/15	用 1000V 兆欧表测护层绝缘电阻
220	工频交流	

注：在 IEC 标准中，额定电压 150kV 以上 XLPE 电缆及附件安装后的电气试验，明确规定采用交流电压试验，即施加电力系统相间电压 $U(\sqrt{3}U_0)$，经 1h。或施加正常运行电压 U_0，经 24h 试验，不推荐采用直流电压试验。

第九节　柴油发电机

一、柴油发电机组安装调试

1. 机组安装前的准备工作

（1）机组的搬运

在搬运时应注意将起吊的绳索应系结在适当的位置，轻吊轻放。当机组运到目的地后，应尽量放在库房内，如果没有库房需要在露天存放时，则将油箱垫高，防止雨水浸湿，箱上应加盖防雨帐篷，以防日晒雨淋损坏设备。

由于机组的体积大，重量很重，安装前应先安排好搬运路线，在机房应预留搬运口。如果门窗不够大，可利用门窗位置预留出较大的搬运口，待机组搬入后，再补砌墙和安装门窗。

（2）开箱

开箱前应首先清除灰尘，查看箱体有无破损。核实箱号和数量，开箱时切勿损坏机器。开箱顺序是先拆顶板、再拆侧板。拆箱后应做以下工作：

1）根据机组清单及装箱清单，清点全部机组及附件。

2）查看机组及附件的主要尺寸是否与图纸相符。

3）检查机组及附件有无损坏和锈蚀。

4）如果机组经检查后，不能及时安装，应将拆卸过的机件精加工面上重新涂上防锈油，进行妥善保护。对机组的传动部分和滑动部分，在防锈油尚未清除之前不要转动。若因检查后已除去防锈油，在检查完后应重新涂上防锈油。

5）开箱后的机组要注意保管，必须水平放置，法兰及各种接口必须封盖、包扎，防止雨水及灰砂浸入。

（3）画线定位

按照机组平面布置图所标注的机组与墙或者柱中心之间、机组与机组之间的关系尺寸，画定机组安装地点的纵、横基准线。机组中心与墙或者柱中心之间的允许偏差为20mm，机组与机组之间的允许偏差为10mm。

（4）检查设备准备安装

检查设备，了解设计内容和施工图纸，根据设计图纸所需的材料进行备料，并按施工计划将材料按先后顺序送入施工现场。

如果无设计图纸，应参考说明书，并根据设备的用途及安装要求，同时考虑水源、电源、维修和使用等情况，确定土建平面的大小及位置，画出机组布置平面图。

（5）准备起吊设备和安装工具。

2. 机组的安装

（1）测量基础和机组的纵横中心线。

机组在就位前，应依照图纸“放线”画出基础和机组的纵横中心线及减振器定位线。

（2）吊装机组。

吊装时应用足够强度的钢丝绳索在机组的起吊位置，不能套在轴上，也要防止碰伤油管和表盘，按要求将机组吊起，对准基础中心线和减振器，并将机组垫平。

（3）机组找平。

利用垫铁将机器调至水平。安装精度是纵向和横向水平偏差每米为0.1mm。垫铁和机座之间不能有间隔，使其受力均匀。

3. 排烟管的安装

排烟管的暴露部分不应与木材或其他易燃性物质接触。

烟管的承托必须允许热膨胀的发生，烟管能防止雨水等进入。

排烟管的铺设有两种方式：

（1）水平架空：优点是转弯少、阻力小；缺点是室内散热差、机房温度高。

（2）地沟内铺设：优点是室内散热好；缺点是转弯多、阻力大。

（3）机组的排烟管的温度高，为防止烫伤操作员和减少辐射热对机房温度的提升，宜进行保温处理，保温耐热材料可采用玻璃丝或硅酸铝包扎，可起隔热、降噪作用。

4. 排气系统的安装

（1）柴油发电机组的排气系统工作界定是指柴油发电机组在机房内基础上安装完毕后，由发动机排气口连接至机房的排气管道。

（2）柴油发电机组排气系统包括和发动机标准配置的消声器、波纹管、法兰、弯头、衬垫和机房连接至机房外的排气管道。

排气系统应尽可能减少弯头数量及缩短排气管的总长度，否则，会导致机组的排气背压增大而使机组产生过多的功率损失及影响机组的正常运行和降低机组正常的使用寿命。柴油发电机组技术资料中所规定的排气管径一般是基于排烟管总长为6m及最多一个弯头和一个消声器的安装实例，当排气系统在实际安装时已超出了所规定的长度及弯头的数量，则应适当加大排气管径，其增大的幅度取决于排气管总长和弯头数量，从机组增压器排气总管接出的第一段管道必须包含一柔性波纹管段，该波纹管已随机配套给客户，排气管第二段应被弹性支承，以避免排气管道安装不合理或机组运行时排气系统因热效应而产生的相对位移引起的附加侧应力和压应力加到机组上，排气管道的所有支承机构和悬吊装置均应有一定的弹性。当机房内有一台以上机组时，切记每台机组的排气系统均应独立设计和安装。绝不允许让不同的机组共用一个排气管道，以避免机组运行时，因不同机组的排气压力不同而引起的异常窜动，及增大排气背压和防止废烟废气通过共用管道回流，影响机组正常的功率输出甚至引起机组的损坏。

5. 电气系统的安装

（1）电缆的敷设方式

电缆的敷设方式有直接埋地、利用电缆沟和沿墙敷设等几种。

（2）电缆的敷设路径的选择

选择电缆的敷设路径时，应考虑以下原则：

1）电力路径最短，拐弯最少。

2）使电缆尽量少受机械、化学和地中电流等因素的作用而损坏。

3）散热条件要好。

4）尽量避免与其他管道交叉。

5）应避开规划中要挖土的地方。

（3）电缆敷设的一般要求

敷设电缆，一定要遵守有关技术规程和设计要求。

1）在敷设条件许可的条件下，电缆长度可考虑1.5%～2%的余量，以作为检修时的备用，直埋电缆应作波浪形埋设。

2）对于电缆引入或引出建筑物或构筑物、电缆穿过楼板及主要墙壁处、从电缆沟道引出至电杆，或沿墙壁敷设的电缆在地面上2m高度及埋入地下0.25m深的一段。电缆应穿钢管保护，钢管内径不得小于电缆外径的 2 倍。

3）电缆与不同管道一起埋设时，不允许在敷设煤气管、天然气管及液体燃料管路的沟道中敷设电缆；少数电缆允许敷设在水管或通风道的明沟或隧道中，或者与这些沟交叉，在热力管道的明沟或隧道中，一般不要敷设电缆；特殊情况下，如不致电缆过热时，可允许少数电缆敷设在热力管道的沟道中，但应分隔在不同侧，或将电缆安装在热力管道的下面。

4）直埋电缆埋地深度不得小于 0.7m，其壕沟离建筑物基础不得少于 0.6m。

5）电缆沟的结构应考虑到防火和防水的问题。

6）电缆的金属外皮、金属电缆头及保护钢管和金属支架等，均应可靠的接地。

为方便及安全起见，建议客户在进行机组至 ATS 尧配电盘及并车柜的电缆连接时，应将电缆预敷设于电缆槽，并作防渗透、防漏电处理，电气连接必须接触可靠，防止震动而引起的松动、扭断及绝缘的损伤。

6. 油管的安装

油管应为普通无缝钢管而不能采用镀锌管，油管走向应尽可能避免燃油过度受发动机散热的影响。喷油泵前的燃油最高允许温度为 60～70℃，视机型不同而定。建议在发动机和输油管之间采用软连接，并确保发动机与油箱之间的输油管不会发生泄漏。

7. 安装工作的调试验收

（1）机组的启封

1）机组出厂时，为了防止外部金属件锈蚀，有的部位进行了油封处理。因此，新机组安装完毕，并通过检验，在符合安装要求以后，必须启封才能启动。

2）清洗擦除机组外部防锈油；

3）将 60℃的热水加入冷却系统，使其分别从水泵、机体和全损耗系统用油冷却器放水开关流出，冲洗冷却系统，并软化曲轴连杆机构的防锈油。

4）用清洗柴油清洗油底壳，并加入清洁的柴油。

（2）机组的检查

1）柴油机的检查。

检查机组表面是否彻底清除干净，地脚螺母有无松动现象，发现问题，及时紧固。

检查汽缸压缩力、转动曲轴检听各缸机件运转有无异常响声，曲轴转动是否自如，同时将全损耗系统用油泵泵入各摩擦表面，人力撬动曲轴，感觉很费力和有反推力（弹力），表示压缩正常。

2）检查燃油供给系统的情况。

检查燃油箱上的通气孔是否畅通，如有污物应清除干净。加入的柴油是否符合要求的牌号，油量是否足够，然后再打开油路开关。

旋松柴油滤清器或喷油泵的放气螺钉，用手泵泵油，排出油路中的空气。

检查各油管接头有无漏水现象，如有问题应及时处理。

3）检查水冷却系统的情况。

检查水箱，如水量不足，应加足清洁的软水或防冻液。

检查各水管接头有无漏水现象，如有问题应及时处理。

检查传动带的松紧度是否适当。其方法是用手压传动带的中部，传动带能压下 10～15mm 为宜。

4）检查润滑系统的情况：

a. 检查各全损耗系统用油管接头有无漏油现象，如有问题应及时处理。

b. 检查油底壳的全损耗系统用油量，抽出全损耗系统用油尺，观察全损耗系统用油的高度是否符合规定的要求，如不符合应进行调整。

c. 检查电路是否连接正确。

d. 检查蓄电池接线柱上有无积污和氧化现象，若有应清洁干净。

e. 检查起动电动机及电磁操作机构及其他电气是否接触良好。

f. 检查蓄电池电解液的密度，其正常值为1.24～1.28，当密度小于1.180时，表明电池量不足，应给电池充电。

（3）交流发电机的检查

单轴承发电机的机械耦合要特别注意，转子间的气隙要均匀。

按原理图和接线图，选择合适的电力电缆，用铜接头来接线，铜接头与汇流排、汇流排与汇流排固定紧后，其接头的间隙大于0.05mm。导线间的距离要大于10mm，还需要加装必要的接地线。

发电机出线盒内的接线端子标有：U、V、W和N，它不表示实际的相序，实际的相序取决于发电机的转向。合格证上引有UVW表示顺时针旋转时的相序，VUW则表示逆时针旋转时的实际相序。

检查控制屏的接线是否有脱落，必要时逐一检查。

8. 柴油发电机组常见故障及解决方法（见表4-18）

发电机组常见故障及解决方法 **表4-18**

故障现象	故障原因	检查及处理方法
1. 不能发电	（1）接线错误	按线路图检查、纠正
	（2）主发电机或励磁机的励磁绕组接错，造成极性不对	往往发生在更换励磁绕组后接线错误造成。应检查并纠正
	（3）旋转硅整流元件击穿短路，正反向均导通	用万用电表检查整流元件正反向电阻，替换损坏的元件
	（4）主发电机励磁绕组断线	用万用表检查测量主发电机励磁绕组，电阻为无限大，应接通励磁线路
	（5）主发电机或励磁机各绕组有严重短路	电枢绕组短路，一般有明显过热，励磁绕组短路，可由其支流电阻值来判定。更换损坏的绕组
2. 空载电压太低（例如：线电压仅100伏左右）	（1）励磁机励磁绕组断线	查励磁机励磁绕组电阻应为无限大。更换断线线圈或接通线圈回路
	（2）主发电机励磁绕组严重短路	励磁机励磁绕组电流很大。主发电机励磁绕组严重发热，震动增大，励磁绕组支流电阻比正常值小许多。更换短路线圈
	（3）自动电压调节器故障	额定转速下，测自动电压调节器输出支流电流值是否与发电机的出厂空载特性相等。检修自动电压调节器
3. 空载电压太高	（1）自动电压调节器失控	空载励磁机励磁绕组电流太大。检查自动电压调节器
	（2）整定电压太高	重新整定电压
4. 励磁机励磁电流太大	（1）整流元件中有一个或两个元件断路正反向都不通	用万用表检查，替换损坏的元件
	（2）主发电机或励磁机励磁绕组部分短路	测量每极线圈的直流电阻值。更换有短路故障的线

续表

故障现象	故障原因	检查及处理方法
5. 稳态电压调整率差	自动电压调节器有故障	检查并排除故障
6. 振动大	(1)与原动机对接不好	检查并校正对接。各螺栓紧固后保证发电机与原动机轴线对直并同心
	(2)转子动平衡不好	发生在转子重绕后,应找正动平衡
	(3)主发电机励磁绕组部分短路	测每极直流电阻,找出短路故障点。更换线圈
	(4)轴承损坏	一般有轴承盖过热现象,更换轴承
	(5)原动机有故障	检查原动机
7. 过热	(1)发电机过载	使负载电流、电压不超过额定值
	(2)负载功率因数太低	调整负载,使励磁电流不超过额定值
	(3)转速太低	调转速至额定值
	(4)发电机某绕组有部分短路	找出短路,纠正或更换线圈
	(5)通风道阻塞	排除阻碍物,拆开电机,彻底吹清各风道
8. 轴承过热	(1)长时间使用后轴承磨损过度	更换轴承
	(2)润滑油脂质量不好。不同牌号的油脂混杂使用。润滑脂内有杂质。润滑脂装得太多	除去旧油脂,清洗后换新油脂
	(3)与原动机对接不好	严格地对直,找正同心

二、发电机交接试验

1. 发电机试验

(1) 定子绕组直流电阻测量。

相间直流电阻差值不应超过其最小值的2%。

(2) 转子绕组直流电阻测量。折算到同一温度，其值与出厂试验值比较，差值不应超过2%。

(3) 测量定子绕组的绝缘电阻，用1000V兆欧表进行，与出厂试验数值相比，应无明显差别。

(4) 定子绕组工频耐压试验，在试验电压下耐压1分钟，应无击穿闪络现象。

(5) 转子绝缘电阻测量，用500V兆欧表测量，绝缘电阻应≥0.5MΩ。工频耐压试验应遵守制造厂的规定，试验时应将转子两端短接，二极管应短接。

2. 动力电缆及柴油发电机母线绝缘耐压试验

(1) 绝缘电阻用1000V摇表测量，其值应≥0.5MΩ。

(2) 工频耐压试验，测其试验电压为时间1分钟，应无击穿闪络现象，当绝缘电阻大于10MΩ时，可用更高量程兆欧表代替。

3. 测试内容及结果汇总表（见表4-19）

三、发电机电源核相

柴油发电机馈电线路连接后，两端的相序必须与原供电系统的相序一致。

四、发电机与电网安全联锁

(1) 在进行电气维修时，应严格遵照电气说明书进行，确保发电机组接地正确。

测试内容及结果汇总表 **表 4-19**

序号	内容/部位		试验内容	试验结果
1	静态试验	定子电路	测量定子绕组的绝缘电阻和吸收比	绝缘电阻值大于 0.5MΩ 沥青浸胶及烘卷云母绝缘吸收比大于 1.3 环氧粉云母绝缘吸收比大于 1.6
2			在常温下，绕组表面温度与空气温度差在±3℃范围内测量各相直流电阻	各相直流电阻值相互间差值不大于最小值2%，与出厂值在同温度下比差值不大于 2%
3			交流工频耐压试验 1min	试验电压为 $1.5U_n+750V$，无闪络击穿现象，U_n 为发电机额定电压
4		转子电路	用 1000V 兆欧表测量转子绝缘电阻	绝缘电阻值大于 0.5MΩ
5			在常温下，绕组表面温度与空气温度差在±3℃范围内测量各相直流电阻	数值与出厂值在同温度下比差值不大于 2%
6			交流工频耐压试验 1min	用 2500V 摇表测量绝缘电阻
7		励磁电路	退出励磁电路电子器件后，测量励磁电路的线路设备的绝缘电阻	绝缘电阻值大于 0.5MΩ
8			退出励磁电路电子器件后，进行交流工频耐压试验 1min	试验电压 1000V，无击穿闪络现象
9		其他	有绝缘轴承的用 1000V 兆欧表测量轴承绝缘电阻	绝缘电阻值大于 0.5MΩ
10			测量检温计(埋入式)绝缘电阻，校验检温计精度	用 250V 兆欧表检测不短路，精度符合出厂规定
11			测量灭磁电阻，自同步电阻器的直流电阻	与铭牌相比较，其差值为±10%
12	运转试验		发电机空载特性试验	按设备说明书比对，符合要求
13			测量相序	相序与出线标识相符
14			测量空载和负荷后轴电压	按设备说明书比对，符合要求

（2）不能用湿手或站在水中和潮湿地面上触摸电线和设备。

（3）不要将发电机组与建筑物的电力系统直接连接。电流从发电机组进入公用线路是很危险的，这将导致触电死亡和财产损失。

（4）自动切换开关，既要有电气连锁，又要有机械连锁，两路进线一路出线结构保证整个回路中只能有一个电源被接通，避免了两路电源同时接通造成反送电。自动切换开关具有“I-O-II”三个位置，便于电路检修，并设置三遥监控接口及实现软件，便于监视开关的自动切换和手动切换。

五、发电机与电网运行同步运行调整

1. 发电机与电网运行同步运行的优点

（1）电能的供应可以互相调剂，合理使用。

（2）增加供电的可靠性。

（3）提高供电质量，电网的电压和频率能保持在要求的恒定范围内。

（4）系统越大，负载就越趋均匀，不同性质的负载，互相起补偿作用。

（5）联成大电力系统，有可能使发电厂的布局更加合理。

2. 同步条件

（1）发电机频率等于电网的频率（各国电网频率大致有两种：50Hz 或 60Hz，我国为

50Hz）。

（2）发电机的电压幅值等于电网电压的幅值，且波形一致。

（3）发电机的电压相序与电网的电压相序相同（发电机相序决定于原动机的转向，一般是固定的）。

（4）在合闸时，发电机的电压相角与电网电压的相角一样。

3. 操作方法

将同步发电机调整到符合并联条件后进行并网操作，分为暗灯法和旋转灯光法两种。

（1）暗灯法：

电网与同步发电机之间的三相并联开关两侧接灯泡，称相灯。若三相相灯同明同暗，说明相序正确；当三组相灯同时熄灭时，表示电压差即可并网合闸。

当不满足并网条件时，暗灯法所见的现象如下：

1）频率不等：相灯将呈现同时暗、同时亮的交替变化现象，说明发电机与电网的频率不同，需调节原动机转速从而改变发电机频率。

2）电压不等：三个相灯没有绝对熄灭的时候，而是在最亮和最暗范围闪烁，需调节励磁电流从而改变发电机的端电压。

3）相序不等：三个相灯明暗呈交替变化状态，说明发电机与电网的相序不同，需对调发电机或电网的任意两根接线。

4）相角不等：三组相灯不同时熄灭，不能合闸并网，需微调节转速。

（2）灯光旋转法：

此方法比暗灯法容易实现并网操作，一个相灯熄灭时，另两个相灯亮度一样；另外可根据灯光旋转方向判断频率大小。

条件不满足时对电机的影响：

1）发电机和电网之间有环流，定子绕组端部受力变形。

2）产生拍振电流和电压，引起发电机内功率振荡。

3）发电机和电网之间有高次谐波环流，增加损耗，温度升高，效率降低。

4）电网和发电机之间存在巨大的电位差而产生无法消除的环流，危害发电机安全运行。

第十节　双路电源不间断电源

一、双路电源供电系统

1. 建筑用电负荷

（1）负荷类别

负荷类别主要以照明和非工业电力来区分，其目的是为了按不同电价核算电力支付费用。

1）照明和划入照明电价的非工业负荷：民用、非工业用户和普通工业用户的生活、生产照明用电（家用电器、普通插座等），空气调节器设备用电等，总容量不超过 3kW 的晒图机、太阳灯等，这类范围较广。

2）非工业负荷：商业用电，高层建筑内电梯用电，民用建筑中采暖风机，生活上煤机和水泵等动力用电。

3）普通工业负荷：指总容量不足320kVA的工业负荷，如纺织合线设备用电、食品加工设备用电等。

（2）负荷容量

负荷容量以设备容量（或称装机容量）、计算容量（接近于实际使用容量）或装表容量（电度表的容量）来衡量。

所谓设备容量，是建筑工程中所有安装的用电设备的额定功率的总和（kW），在向供电部门申请用电时，这个数据是必须提供的。

在设备容量的基础上，通过负荷计算，可以求出接近于实际使用的计算容量（kW）。对于直接由市电供电的系统，需根据计算容量选择计量用的电度表，用户极限是在这个装表容量（A）下使用电力。

在装表容量≤20A时允许采取单相供电。而一般情况下均采用三相供电，这样有利于三相负荷平衡和减少电压损失，同时对使用三相电气设备创造了条件。

（3）负荷级别

电力负荷分级是根据建筑的重要性和对其短时中断供电在政治上和经济上所造成的影响和损失来分等级的，对于工业和民用建筑的供电负荷可分为三级。

1）一级负荷。

中断供电将造成人身伤亡、重大政治影响、重大经济损失或将造成公共场所秩序严重混乱的负荷属于一级负荷。如交通枢纽建筑，国家级承担重大国事活动的会堂、宾馆，经常用于重要国 际活动且有大量人员集中的公共场所等。

2）非工业负荷。

中断供电将造成较大的政治影响、较大经济损失的建筑用电属于二级负荷。如高层住宅、大型展览馆的展览用电。

3）三级负荷。

凡不属于一、二级负荷者称为三级负荷。

（4）各级负荷的供电要求

对于一级负荷应由两个独立电源供电。即指双路独立电源中任一个电源发生故障或停电检修时，都不至于影响另一个电源的供电。对于一级负荷中特别重要的负荷，除双路独立电源外，还应增设第三电源或自备电源（如发电机组、蓄电池）。根据用电负荷对停电时间的要求确定应急电源接入方式。蓄电池为不间断电源，也称UPS；柴油发电机组为自备应急电源，适用于停电时间为毫秒级。当允许中断供电时间为1.5s以上时，可采用自动投入装置或专门馈电线路接入。对于允许15s以上中断供电时间时，可采用快速自动启动柴油发电组。

二级负荷，一般应由上一级变电所的两段母线上引双回路进行供电，保证变压器或线路发生常见故障而中断供电时，能迅速恢复供电。

三级负荷可由单电源供电。

2. 双电源供电原理

（1）双电源、单变压器、母线不分段系统如图4-29所示，因变压器远比电源故障和检修次数要少，故此方案投资较省，较可靠，可适用于二级负荷。

（2）双电源、单变压器、低压母线分段系统如图 4-30 所示，此方案比上方案设备增加不多，可靠性明显提高，可适用于二级负荷。

（3）双电源、双变压器、低压母线不分段系统如图 4-31 所示，此方案不分段的低压母线，限制两台变压器合用作用的发挥，故较少选用。

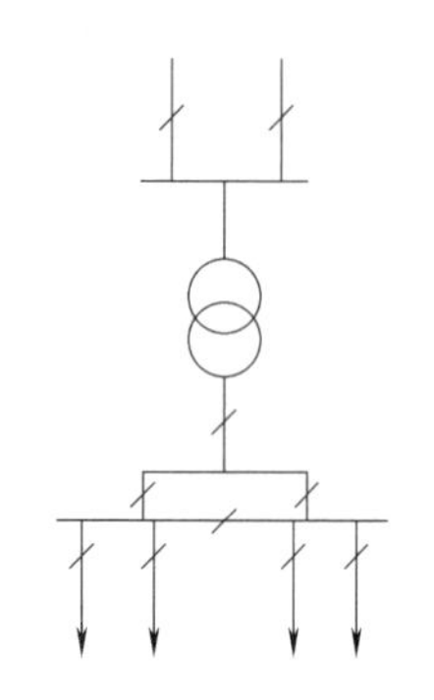

图 4-29　双电源、单变压器、母线不分段系统

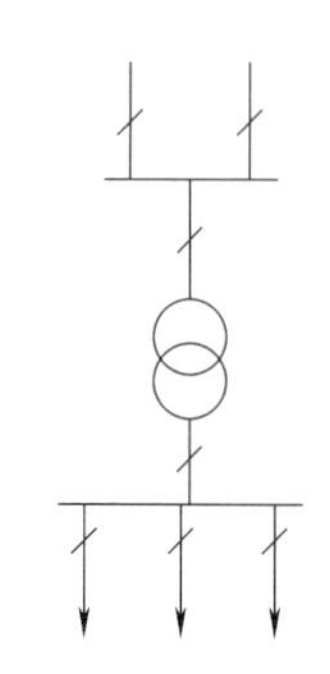

图 4-30　双电源、单变压器、低压母线分段系统

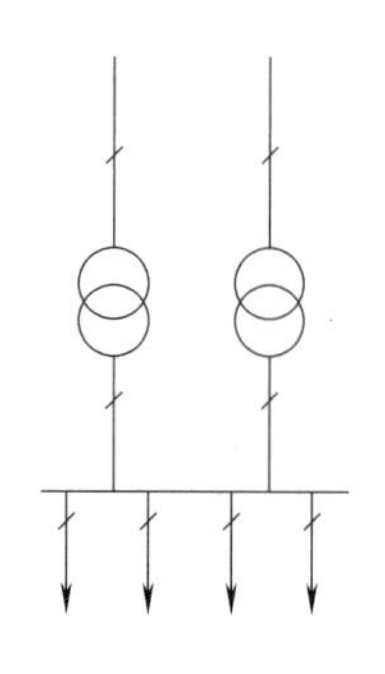

图 4-31　双电源、双变压器、低压母线不分段系统

（4）双电源、双变压器、低压母线分段系统如图 4-32 所示，该系统中各基本设备均有备用，供电可靠性大为提高，可适用于一、二级负荷。

（5）双电源、双变压器、高压母线分段系统如图 4-33 所示。因高压设备价格贵，故该方案比方案（4）投资大，并且存在方案（3）的缺点，故一般故较少选用。

（6）双电源、双变压器、高、低压母线均分段系统如图 4-34 所示，该方案的投资虽高，但供电的可靠性提高更大，适合于一级负荷。

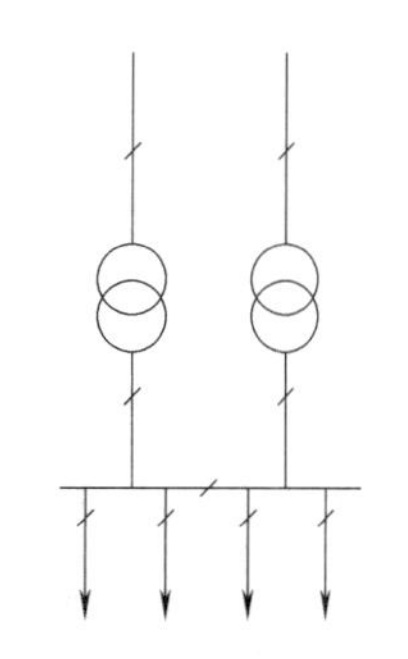

图 4-32　双电源、双变压器、低压母线分段系统

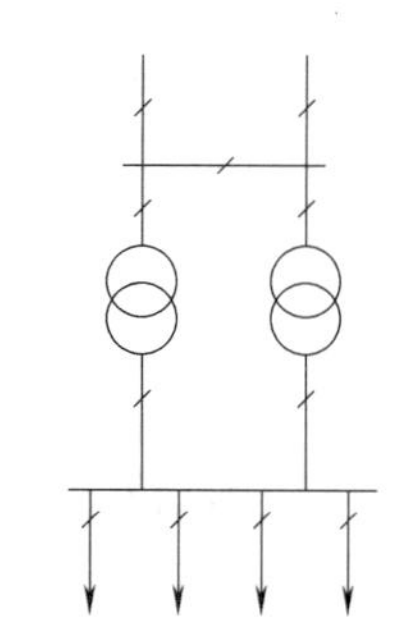

图 4-33　双电源、双变压器、高压母线分段系统

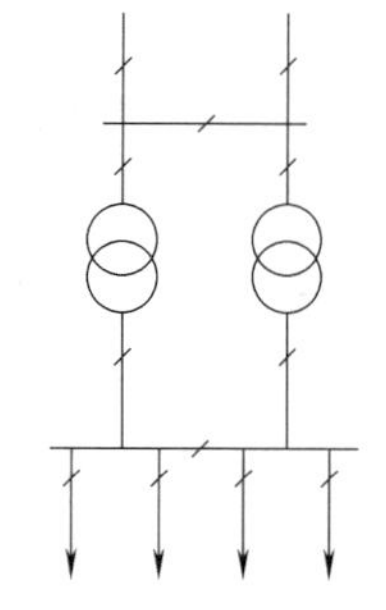

图 4-34　双电源、双变压器、高、低压母线均分段系统

3. 备用电源自动投入装置

电力系统许多重要场合对供电可靠性要求很高，采用备用电源自动投入装置是提高供电可靠性的重要方法。所谓备用电源自动投入装置，就是当工作电源因故障被断开后，能自动将备用电源迅速投入工作的装置，简称 AAT 装置。图 4-35 所示为电力系统使用 AAT 装置的几种典型一次接线图。

图 4-35（*a*）所示为备用变压器自动投入的典型一次接线图。图中 T1 为工作变压器，T0 为备用变压器。正常情况下 1QF、2QF 闭合，T1 投入运行，3QF、4QF 断开，T0 不投入运行，工作母线由 T1 供电；当工作变压器 T1 发生故障时，T1 的继电保护动作，使

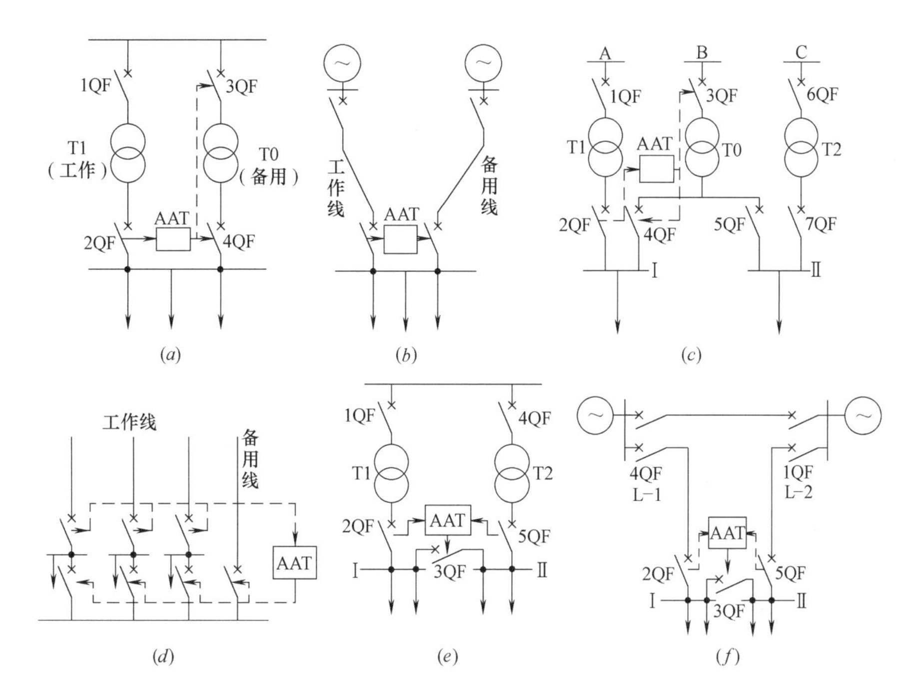

图 4-35 使用 AAT 装置典型一次接线图

(*a*)、(*b*)、(*c*)、(*d*) 明备用；(*e*)、(*f*) 暗备用

1QF、2QF 断开，然后 AAT 装置动作将 3QF、4QF 迅速闭合，使工作母线上的用户由备用变压器 T0 重新恢复供电。

又如图 4-35（*f*）所示的接线，正常情况下变电所的Ⅰ段和Ⅱ段母线分别由线路 L-1 和 L-2 供电，分段断路器 3QF 断开。当线路 L-1 发生故障时，线路 L-1 的继电保护动作将断路器 4QF，2QF 断开，然后 AAT 装置动作将分段断路器 3QF 迅速闭合，使接在Ⅰ段母线上的用户由线路 L-2 重新恢复供电。

比较图 4-35 中各种使用 AAT 装置的典型一次接线图可知，其备用电源的备用方式有所不同，其中第一种备用方式是装设正常情况下断开着的备用电源（用备用变压器或备用线），如图 4-35（*a*）、（*b*）、（*c*）、（*d*）所示，称明备用方式。其特点是备用可靠性高，广泛用于发电厂用电和变电所用电。为提高备用电源的利用率，一个备用电源可同时作为两段或几段工作电源的备用。另外一种备用方式是不装设正常情况下断开着的备用电源，而是在正常情况下工作的分段母线间，靠分段断路器取得相互备用，如图 4-35（*e*）、（*f*）所示，称暗备用方式。在暗备用方式中，每个工作电源的容量应根据两个分段母线的总负荷来考虑，否则在 AAT 动作后，要减去相应负荷。

从图 4-35 所示接线的工作情况可以看出，采用 AAT 装置后有以下优点：

（1）提高用户供电可靠性。

（2）简化继电保护。采用 AAT 装置后，环形供电网可以开环运行，变压器可以解列运行，见图 4-35（*e*），继电保护的方向性等问题可不考虑。

（3）限制短路电流，提高母线残余电压。在受端变电所，如果采用变压器解列运行或环网开环运行，显然出线故障时短路电流要减小，供电母线残余电压相应提高一些。这对保护电气设备、提高系统稳定性有很大意义。

4. 备用电源自动投入装置接线

为了满足对 AAT 装置的基本要求，AAT 装置的接线可分为起动和自动合闸两部分。本节主要讨论 AAT 装置的起动方式和装置接线。

从对 AAT 装置起动条件的基本要求出发，采用不对应起动方式，AAT 装置的切换开关处于投入位置而供电元件受电侧断路器处于跳闸位置，即两者位置不对应时，启动 AAT 装置是最合理的。

然而，当系统侧故障使工作电源失去电压，不对应起动方式不能使 AAT 装置启动时，应考虑其他起动方式辅助不对应起动方式。在实际应用中，使用最多的辅助起动方式是采用低电压继电器来检测工作母线是否失去电压。显然，这种辅助起动方式能反映工作母线失去电压的所有情况，但这种辅助起动方式的主要问题是如何克服电压互感器二次回路断线的影响；另外，电动机的残压对此辅助起动方式也有一定的影响。

5. 备用电源自动投入装置调试

(1) 安全措施

1) 将保护压板名称填入继电保护安全措施票，然后由运行人员退出压板，检修人员确认，在继电保护安全措施文件上签字。

2) 查阅保护交流回路图、端子排图和现场接线，将备自投两路电源进线电流回路端子排号、两侧接线编号一一对应详细记入继电保护安全措施票，然后一人短接电流回路，短接可靠后断开连接片，另一人监护并确认，在继电保护安全措施票签字。

3) 查阅保护交流回路图、端子排图和现场接线，将备自投两段母线电压回路和两段线路电压回路端子排号、两侧接线编号一一对应详细记入继电保护安全措施票，然后一人将端子排上接二次电缆或电压小母线的芯线解开并经绝缘包扎好，另一人监护并确认，在继电保护安全措施文件上签字。

4) 查阅保护直流回路图、端子排图和现场接线，将备自投对两电源进线断路器及分段断路器跳合闸及放电回路的端子排号、两侧接线编号一一对应详细记入继电保护安全措施票，然后一人将端子排上接二次电缆的芯线解开并经绝缘包扎好，另一人监护并确认，在继电保护安全措施文件上签字。

注意：对备自投做安全措施时，不仅要解开跳闸回路，还要解开合闸回路。在现场接线中，有时将备自投对断路器的跳闸接点直接接入到断路器手跳或永跳回路中，此时就不用对该断路器重合闸进行放电，也就没有重合闸放电回路。

5) 查阅保护直流回路图、端子排图和现场接线，将备自投接点开入量回路的端子排号、两侧接线编号一一对应详细记入继电保护安全措施票，然后一人将端子排上接二次电缆的芯线解开并经绝缘包扎好，另一人监护并确认，在继电保护安全措施文件上签字。

(2) 外观及接线检查

在进行试验检查之前，应断开外加所有电源（直流电源及交流电源）。对保护屏柜进行检查清扫。保护屏上的标志应正确、完整、清晰（如压板、操作把手、按钮、光指示信号等），保护屏端子排以及继电器等接线柱或连接片上的电缆线和导线连接应可靠，标号清楚正确，且实际情况应与图纸和运行规程相符。

(3) 逆变电源输出电压及稳定性检测

1) 拉合几次保护装置的直流电源，检查保护装置运行是否正常，有无异常或告警信号发出。有条件时，测量满载时逆变电源的各级输出电压（+5V，-5V 等），偏差应在允许范围内。

2）检验逆变电源的自起动功能。保护装置仅插入逆变电源插件，外加试验直流电源由零缓升至 80%额定值，该插件上各电源指示灯应亮；然后，拉合一次直流电源开关，灯亦应亮；有条件时测量满载时逆变电源的各级输出电压，应即时更换质量不合格的稳压电源。

二、不间断电源的安装调试

1. 不间断电源简介

不间断供电电源是一种含有储能装置（常见的是蓄电池），以逆变器为主要组成部分的恒压恒频的不间断电源。它可以解决现有电力的断电、低电压、高电压、突波、杂讯等现象，使计算机系统运行更加安全可靠。现在已经被广泛应用计算机、交通、银行、证券、通信、医疗、工业控制等行业，并且正在迅速地走入家庭。不间断电源接入市电，当市电输入正常时，不间断电源将市电稳压后供应给终端设备，此时的不间断电源就是一台交流市电稳压器，同时它还向自己的内置电池充电；当市电中断（例如停电）时，不间断电源立即将内置电池的电能，通过逆变转换的方法向负载继续供应 220V 交流电，使负载维持正常工作并保护负载的软、硬件系统不受损坏。

不间断电源系统由 4 部分组成：整流、储能、变换和开关控制。其系统的稳压功能通常是由整流器完成的，整流器件采用可控硅或高频开关整流器，本身具有可根据外电的变化控制输出幅度的功能，从而当外电发生变化时（该变化应满足系统要求），输出幅度基本不变的整流电压。净化功能由储能电池来完成，由于整流器对瞬时脉冲干扰不能消除，整流后的电压仍存在干扰脉冲。储能电池除可存储直流电能的功能外，对整流器来说就像接了一只大容量电容器，其等效电容量的大小，与储能电池容量大小成正比。由于电容两端的电压是不能突变的，即利用了电容器对脉冲的平滑特性消除了脉冲干扰，起到了净化功能，也称对干扰的屏蔽。频率的稳定则由变换器来完成，频率稳定度取决于变换器的振荡频率的稳定程度。为方便电源系统的日常操作与维护，设计了系统工作开关、主机自检故障后的自动旁路开关、检修旁路开关等开关控制。

2. 不间断电源安装

（1）施工准备

1）材料准备：

① 不间断电源设备和各种附件应具有出厂合格证、生产许可证、“CCC”认证标识。

② 设备及附件齐全，外观检查完好无损。

③ 各种材料的规格、型号符合设计要求，型钢无明显锈蚀。

2）机具准备：

① 手动工具：专用扳手、锉刀、手锤、电工工具、台虎钳。

② 电动工具：卷扬机、台钻、电锤、电气焊工具、手电钻、切割机等。

③ 测试器具：水准仪、兆欧表、万用表、水平尺、钢卷尺、线坠、温度计、钳形电流表、噪声测试仪、配液用具等。

④ 其他工具：汽车吊、捯链、钢丝绳、液压叉车、胶皮手套、防护眼镜、胶皮围裙、

靴子等。

3）作业条件：

① 装饰工程施工完毕，门窗玻璃齐全；墙面、屋顶喷浆刷漆完毕。

② 预留孔洞、预埋件均符合设计和设备安装要求。

③ 设备间具有可靠的安全及消防措施。

④ 安装场地清理干净，照明符合要求，运输平台、脚手架搭设安全可靠。

4）技术准备：

① 施工图纸和技术资料齐全。

② 施工方案编制完毕并经审批。

③ 施工前应组织施工人员熟悉图纸、方案，并进行安全、技术交底。

（2）操作工艺

1）工艺流程：

开箱检验→基础制作、安装→设备安装→蓄电池组安装→配制电解液与注液→蓄电池组充放电→检测试验→试运行验收。

2）操作方法：

① 开箱检验：

a. 设备开箱检验由建设单位、监理工程师、施工单位和设备生产厂家共同进行，并做好检查记录。

b. 按照设备清单、施工图纸及设备技术资料，核对设备及附件的规格型号是否符合设计要求；产品合格证、技术资料是否齐全。

c. 检查整流器、充电器、逆变器、静态开关，其规格性能必须符合设计要求；内部接线连接正确、标志正确清晰、紧固件可靠无松动、焊接牢固无脱落。

② 基础制作、安装：

a. 根据产品技术文件，确定设备的实际安装尺寸和固定螺栓安装孔距尺寸，测量出型钢的几何尺寸。基础型钢安装的偏差应符合成套配电柜、控制柜（屏、台）安装工艺标准规定。

b. 型钢先调直找正后，焊接成框架，再根据设备固定螺栓的间距，钻出固定孔。

c. 框架加工完毕，配合土建确定地面基准线后，进行框架安装，用水平尺、水准仪找平，再固定牢固，基础型钢应将地线焊接好，保证接地可靠。

d. 对焊接部位除锈并做防腐处理。

③ 设备安装：

a. 根据施工图纸，用人力及滚杠将设备就位到基础型钢上，找平、找正后将设备固定牢固，其垂直度、水平度的允许偏差应符合成套配电柜、控制柜（屏、台）安装工艺标准规定。

b. 分别敷设不间断电主回路、控制回路的线缆，并与设备进行连接，具体工艺应符合电缆敷设工艺标准。

c. 将不间断电源输出端的中性线（N 极）与由接地装置直接引来的接地干线相连接，作重复接地。

d. 不间断电源的可接近裸露导体应接地（PE）或接零（PEN），连接可靠且有标识。

④ 蓄电池组安装。

蓄电池组安装前应检查以下内容：

a. 蓄电池槽或蓄电池外壳应无裂纹、损伤、变形、漏液等现象，透明的槽盖板应密封良好。

b. 蓄电池的正、负端柱必须极性正确，并无变形；滤气帽或气孔塞的通气性能良好。

c. 连接板、螺栓及螺母应齐全，无锈蚀。

d. 带电解液的蓄电池，其液面高度应在两液面线之间；防漏栓塞应无松动、脱落。

蓄电池组安装：

a. 蓄电池安装应平稳、间距均匀；同排的蓄电池应高度一致，排列整齐。

b. 根据厂家提供的说明书和技术资料，固定列间和层间的蓄电池的连接板，操作人员必须戴胶布手套并使用厂家提供的专用扳手连线。

c. 并联的电池组各组到负载的电缆应等长，以利于电池充放电时各组电池的电流均衡。

d. 极板之间相互平齐、距离相等，每只电池的极板片数符合产品技术文件的规定。

e. 与蓄电池之间应设手动开关，并应采用专用电缆连接，线端应加接线端子，并压接牢固可靠。

f. 有抗震要求时，其抗震措施应符合有关规定，并牢固可靠。

⑤ 配制电解液与注液：

调配电解液：

a. 蓄电池槽内应清理干净；准备好配液用具、测试设备及仪表。

b. 穿戴好相应的劳动保护用品，如防护眼镜、胶皮手套、胶皮套袖、胶皮靴子、胶皮围裙等。

c. 将蒸馏水倒入耐酸（或耐碱）耐高温的干净配液容器中，然后将浓硫酸（或碱）缓慢地倒入蒸馏水中，同时用玻璃棒搅拌以便混合均匀，使其迅速散热。

d. 严禁将蒸馏水倒入浓硫酸（或碱）中，以防发生剧热爆炸。

e. 调配好的电解液应符合铅酸蓄电池或碱性蓄电池电解液标准。

注入电解液：

a. 注入蓄电池的电解液温度不宜高于 30℃。当室温高于 30℃时，电解液温度不得高于室温。

b. 防酸隔爆式铅蓄电池的防酸隔爆栓在注酸完后装好，防止充电时酸气大量外泄。

c. 电解液注入 2h 后，检查液面高度，注入液面应在高低液面线之间。

⑥ 蓄电池组充放电：

a. 充电前，检查蓄电池组及其连接片的螺母是否拧紧，保证充电期间电源可靠。

b. 采用恒流法充电时，其最大电流不能超过生产厂家所规定的允许最大充电电流值；采用恒压法充电时，其充电的起始电流不能超过允许最大电流值。

c. 充电结束后，用蒸馏水调整液面至上液面线。

d. 充放电全过程，按规定时间做好电压、电流、温度记录及绘制充放电特性曲线图。

3. 不间断电源检测试验

（1）调试前的检查

1）检查各电子元件及配线是否牢固；检查蓄电池有无裂纹鼓肚损伤。

2）检查系统电压和电池的正负极方向，确保安装正确；并用清洁剂和软布清洁蓄电池表面和线缆。

3）检查接地和通风是否符合要求。

（2）检测试验

1）对不间断电源的各功能单元进行试验测试，全部合格后方可进行 UPS 的试验和检测。

2）测试不间断电源输入、输出连线的线间、线对地间的绝缘电阻，其绝缘阻值应大于 1（×0.5）MΩ。

3）根据厂家技术资料，正确设定均充电压和浮充电压，对 UPS 进行通电带负载测试。

4）按照使用说明书的要求，按顺序启动和关闭。

5）对不间断电源进行稳态测试和动态测试。稳态测试时，检测不间断电源的输入、输出、各级保护系统；测量输出电压的稳定性、波形畸变系数、频率、相位、效率、静态开关的动作是否符合技术文件和设计要求。动态测试时，测试系统合上或断开负载时的瞬间工作状态，包括突加或突减负载、转移特性测试；测试输入电压的过压和欠压保护。

6）对不间断电源的噪声进行测试：输出额定电流为 5A 及以下的小型不间断电源，其噪声不大于 30dB，大型不间断电源的噪声不大于 45dB。

7）正常电源与不间断电源的切换：当正常电源故障或其电压降到额定值的 70％以下，计时器开始计时，如超过设定的延时时间（0～15s）故障仍存在，且不间断电源电压已达到其额定值的 90％的前提下，自动转换开关开始动作，由不间断电源供电；一旦正常电源恢复，经延时后确认电压已稳定，自动转换开关必须能够自动切换到正常电源供电，同时通过手动切换恢复正常供电的功能也必须具备。

（3）检试运行验收

不间断电源设备经过测试试验合格后，按操作程序进行合闸操作。先合引入电源的主回路开关，并检查电源电压指示是否正常。再合充电回路开关，观察充电逆变回路，测量输出的电压是否正常。经过空载试运行试验无误后，进行带负载运行试验，并观察电压、电流等指示正常后，可验收合格交付使用。

第五章　工具设备的使用和维护

第一节　仪 器 仪 表

一、电桥的使用维护

1. 电桥的使用

（1）使用前先将检流计的锁扣打开，并调节调零器使指针位于机械零点。

（2）将被测电阻接在电桥 RX 的接线柱上。注意，要求连接导线较粗、较短且要拧紧（减小连接线电阻和接触电阻）

（3）根据被测电阻 RX 的估值，选择合理的比例臂的数值。

（4）在进行测量时应先接通电源按钮。操作时先粗调按钮，调节比例臂电阻；待检流计为零后再按细调按钮，再次调节比较臂的电阻，待检流计为零后读取电桥上的数字。

（5）电桥接通后，如果指针向“＋”方向偏转，则需要增加比较臂的电阻；反之，若指针向“－”方向偏转，则减小比较臂的电阻。

（6）电桥使用完毕后，先拆除或切断电源，然后拆除被测电阻，将检流计的锁扣锁上，以防止检流计在搬动过程中损坏。

2. 电桥的维护

（1）倍率选择要合理，必须在 RS 盘上至少读出四位有效数字。

（2）要事先对待测电阻的阻值有一个大概的了解，以便在通电之前，能粗调 C 和 RS，使电桥接近平衡状态。

二、信号发生器的使用维护

1. 信号发生器的使用

（1）确认仪器关上 12V 电源。

（2）摇开摇臂门成 120°，从显示后方的电极放大板上拧下电极电线的 BNC 接头。

（3）使用随机工具取下摇架后边中间位置的保护罩。

（4）关上摇臂门把电极线从过孔中慢慢抽出。

（5）把信号模拟器的电极线从过孔中穿到摇臂门后。

（6）摇开摇臂门成 120°，将信号模拟器电线的 BNC 接头接回电极放大板。

（7）关上摇臂门。

（8）打开电源开关仪器进入待机画面。

（9）在仪器处于等待状态或分析状态，用户键入密码“1234”则进入系统状态界面。注意：当仪器处于分析状态时，用户输入密码后，系统将停止当前进行的实验并进入系统状态画面。画面各组成部分如图 5-1 所示。

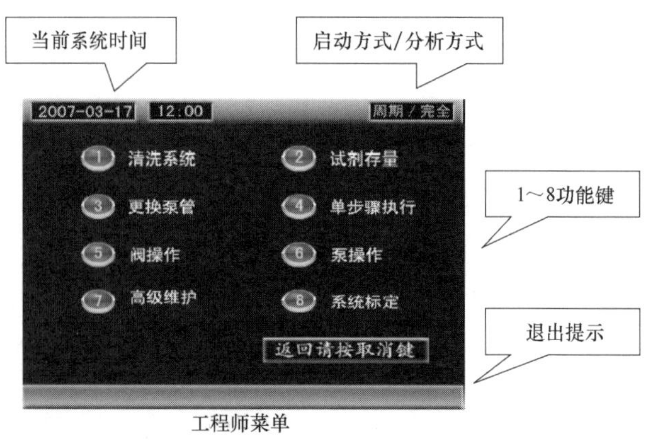

图 5-1　画面各组成部分

（10）按“4”键：进入“单步骤执行”对话框。

仪器会调出对话框，同时对话框内显示：

第一行：“输入步骤编号（1～4）”

第二行：用户输入的数值

（11）用户输入“1”。输入数据后，按“确认”键，系统将清空对话框执行相应步骤并显示氨氮数采板采集的 ADC 读数值。

（12）用户把模拟信号发生器的开关从“OFF”拨到“1”，这时显示氨氮数采板采集的 ADC 读数值应 4000～10000 之间。

（13）用户把模拟信号发生器的开关从“1”拨到“2”，这时显示氨氮数采板采集的 ADC 读数值应 30000～40000 之间。

（14）用户把模拟信号发生器的开关从“2”拨到“3”，这时显示氨氮数采板采集的 ADC 读数值应大于 40000。

（15）不同量程仪器的氨氮数采板采集的 ADC 读数值有差异，如有问题请与捷安杰科技发展有限公司技术服务部联系。

（16）如果以上（12）、（13）、（14）项检查正确，那么请核查电极维护和使用寿命及试剂配制情况。

（17）用户把模拟信号发生器的开关从“1”拨到“OFF”。

（18）按下“取消”键，直接返回到系统状态画面，再按“取消”键，返回系统待机画面。

（19）关闭仪器电源。

（20）摇开摇臂门成 120°，从显示后方的电极放大板上拧下模拟信号发生器电线的 BNC 接头。

（21）把模拟信号发生器电线从过孔中慢慢抽出。

（22）再把电极线从过孔中穿到摇臂门后。

（23）将电极电线的 BNC 接头接回电极放大板。

（24）将步骤（3）取下的保护罩装回原位。

(25) 关上摇臂门。

2. 信号发生器的维护

保证人身和设备的安全，确保“发生器”的完好性，“发生器”应在空气流通，环境干燥的专用地点存放。

(1) 使用时，先按下验电器开关，初步判断验电器是否工作正常，再用验电信号发生器进一步检测验电器是否工作正常。

(2) 用左手握住验电器头与绝缘杆的连接处，右手握住发生器，大拇指按下电源开关，红色指示灯闪亮，发生器工作正常，有验电信号输出，同时用发生器顶端输出电极触碰验电器接收电极，验电器有声光报警，确认验电器工作正常可靠，可按电业安全规程继续进行常规验电操作。

(3) 若无声光指示，则须查明原因，并换用其他合格验电器继续上述操作顺序，直至确认合格验电器后再进行常规验电操作。

(4) 如遇“发生器”损坏，切勿擅自处理。

三、示波器的使用维护

1. 选扫描方式 (SWEEP MODE)：AUTO

以便无信号输入时产生水平亮线：(NORMAL/SINGLE)。

旋钮居中：先将常用旋钮放在中间位置，如“INTEN”(波形辉度)、“READ OUT”(字符亮度) 和“POSITION”(垂直位移)、“←→POSITION”(水平位移) 等常用旋钮居中。

2. 选通道：CH1/CH2；

选显示方式：ALT

交流 (AC) 耦合：一般情况下，按 DC/AC 键，使 CH1 和 CH2 输入信号耦合方式为 AC。

3. 调同步

选触发源 (source)：按 SOURCE (触发源) 键——VERT (垂直) 触发方式，这样不管从 CH1 还是从 CH2 输入信号，都能得到稳定的波形显示。

交流 (AC) 耦合：按 COUPLE (耦合) 键，使触发信号耦合方式为 AC。

调波形稳定：调“TRIG LEVEL”(触发电平)

4. 调大小

调节 X 轴“TIME/DIV (扫描速率)”旋钮，使屏幕 X 方向显示 1～2 个周期波形。

调节 Y 轴“VOLTS/DIV (偏转因数)”旋钮，使 Y 方向信号的峰值占 3～5 格。

示波器使用小结：

扫描—通道—显示—触发—同步。

口诀：自动 (AUTO) 扫描—旋钮居中—交流 (AC) 耦合—垂直 (VERT) 触发—电平 (TRIG LEVEL) 调节。

四、电子毫秒表的使用

(1) 将交流电源线插上电源，显示数字。

（2）然后根据被测对象，确定单路或双路。

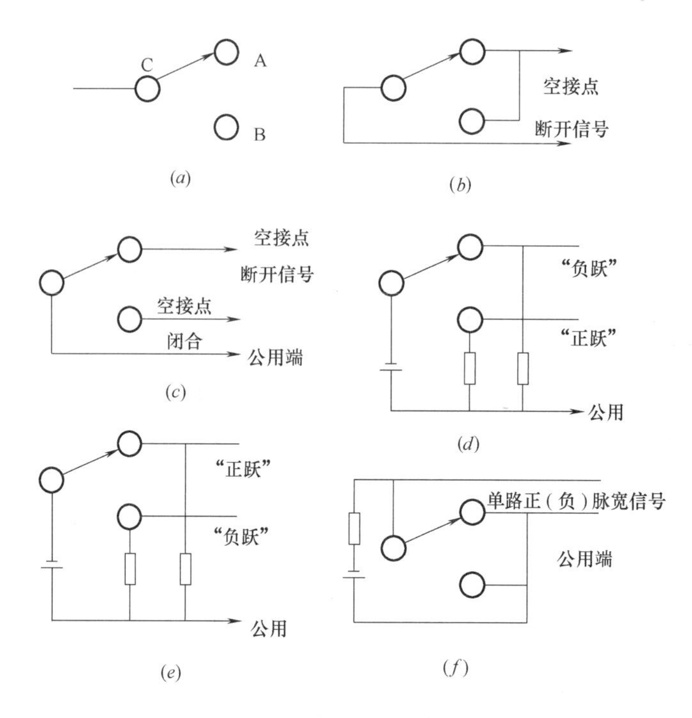

图 5-2　开关转换时间举例

（3）若是使用双路，将 A、B 试检测线两端分别接入被测输入信号。参见表 5-1 及图 5-2，A 接起数输入信号，B 接止数输入信号，（其实不分起止表），然后将 0 按钮按下，复零，自动识别输入信号，准备计数，然后操作被测元件。A 被触发起数，B 随后触发止数，数字显示被测的时间。

（4）若是单路，将 A 试检线两端插入被测输入信号，然后将 0 按下复零，并自动识别信号。

A、B 试检测线两端分别接入被测输入信号　　　　表 5-1

序号	A 输入信号起数	B 输入信号止数	备注
1	空接点闭合	空接点闭合	
2	空接点断开	空接点断开	
3	空接点闭合	空接点断开	
4	空接点断开	空接点闭合	
5	通电	通电	
6	通电	断电	
7	断电	断电	
8	断电	通电	
9	通电	空接点闭合	
10	通电	空接点断开	
11	断电	空接点断开	
12	断电	空接点闭合	
13	空接点闭合	通电	
14	空接点断开	断电	
15	空接点断开	断电	

续表

序号	A输入信号起数	B输入信号止数	备注
16	空接点断开	通电	
17	线圈	常开接点	线圈通电测量常开接点闭合时间
18	线圈	常闭接点	线圈通电测量常闭接点断开时间
19	线圈	常开接点	线圈通电测量常开接点断开时间
20	线圈	常闭接点	线圈通电测量常闭接点闭合时间

图5-2（*a*）中所示的开关，从A档转到B档的转换时间（即CA通至CB通的时间）这个开关可能是一般的波段开关，钮子开关、行程开关，也可能是各种电磁继电器的接点或者是由其他转动装置带动的大型调压开关等，测量时，根据具体条件选择合适的方式。如：当开关是“空接点时”，可以像图5-2（*b*）中所示，用单路来测量，直接将“输入A”接入被测信号。如果开关连接在某一直流负荷的情况下，对图中（*d*）情况用双路的“负跃变”→“正跃变”方式，对图中（*e*）情况用双路的“正跃变”→“负跃变”方式测，对图中（*f*）情况用单路正（负）的脉宽办法测。

第二节　交、直流电耐压试验设备的操作维护

一、施工工艺流程

施工工艺流程如图5-3所示。

二、施工方法及要求

1. 测量发电机定子绕组的绝缘电阻和吸收比或极化指数

（1）试验方法；用水内冷发电机专用兆欧表进行。

（2）使用仪器：水内冷发电机专用兆欧表、干湿温度计。

（3）接线方式：参照水内冷发电机专用兆欧表接线标记，出线端接发电机线圈；地端接发电机外壳；汇水管端接发电机汇水管引出端子。

（4）主要试验条件：发电机及冷却水系统安装完毕充氢前（或排氢后含氢量在3%以下），发电机冷却水系统投入运行，水质符合要求，环境温度10～40℃，被试物及仪器周围最低不低于5℃，空气湿度不大于80%。

（5）试验步骤：

① 测量前将被测绕组短路接地，将所有绕组充分放电。

② 各非被测绕组短路接地，按水内冷发电机专用兆欧表接线标记，出线端接发电机线圈；地端接发电机外壳；汇水管端接发电机汇水管引出端子，测量记录15秒、60秒、600秒的绝缘电阻值。

③ 关闭兆欧表，被测绕组回路对地放电。

④ 测量其他绕组。

⑤ 记录温度和湿度。

⑥ 试验数据执行《电气装置安装工程电气设备交接试验标准》和产品技术条件的规定。

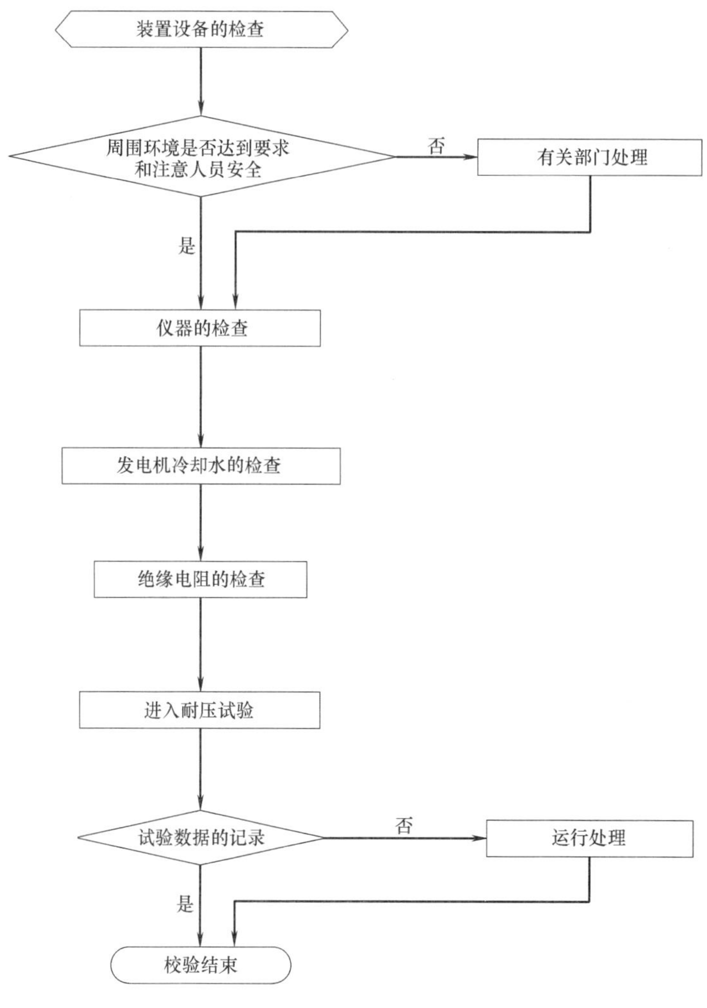

图 5-3　施工工艺流程

（6）注意事项：

① 测量吸收比时注意时间引起的误差。

② 试验时注意兆欧表的 L 端、E 端和汇水管端接线应正确。

③ 测量汇水管对地绝缘电阻：

发电机冷却水通水前用 2500V 兆欧表测量汇水管对地绝缘电阻，应符合产品技术条件的规定。

2. 测量定子绕组的直流电阻

（1）试验方法：使用变压器直流电阻测试仪进行测量。

（2）试验接线：接线图见图 5-4。

（3）试验步骤：

① 将变压器直流电阻测试仪通过专用测试线与被测绕组接好并牢固，检查无误后即可开始测量。

② 测试完毕使用测量设备或仪表上的“放电”或“复位”键对被测绕组充分放电，

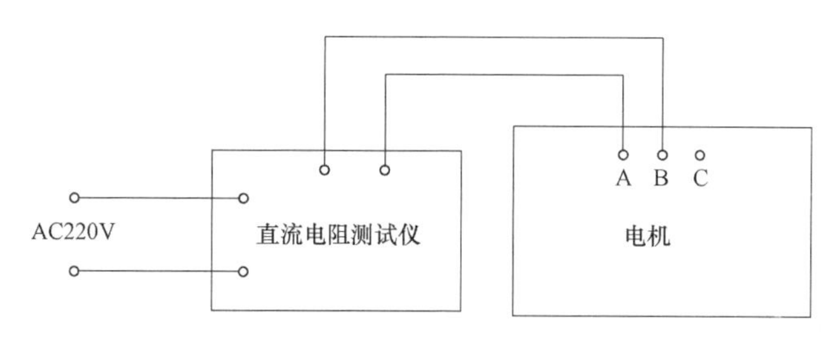

图 5-4　试验接线原理图

关闭仪器电源，再更换接线测量其他相别。

③ 记录温度和湿度。

④ 试验数据执行《电气装置安装工程电气设备交接试验标准》和产品技术条件的规定。

3. 定子绕组直流耐压试验和泄漏电流测量

（1）试验方法：用试验变压器、高压硅堆及仪表进行。

（2）主要试验条件：发电机及冷却水系统安装完毕充氢前（或排氢后含氢量在 3%以下），发电机冷却水系统投入运行，水质符合要求，环境温度 10～40℃，被试物及仪器周围最低不低于 5℃，空气湿度不大于 80%，试验电源 20kVA 以上，发电机绝缘电阻及吸收比测试完并且合格。

（3）试验接线：见图 5-5。

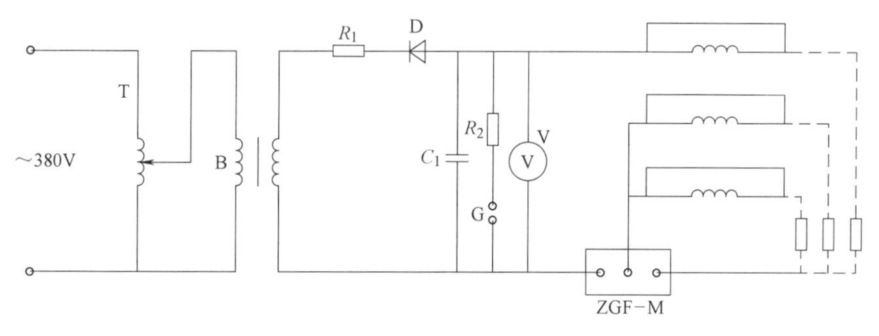

图 5-5　试验接线

（4）使用仪器：T 调压器、B 试验变压器、D 高压硅堆、R_1R_2 水电阻、V 高电压测量装置、C_1 电容器、ZGF-M 水内冷电机直流耐压专用表、G 球隙保护。

（5）试验步骤：

① 将发电机所有测温元件在接线箱处短接并接地，励磁机转子绕组在滑环处接地，发电机出口 CT 二次绕组短路并接地，发电机绕组对地进行充分放电，球隙保护调至试验电压 1.1 倍。

② 记录试验现场环境温度和湿度。

③ 确认无误后，不带发电机绕组空载慢慢升压，检查试验设备及接线是否正常，升压至球隙保护定值电压，检查其工作情况，一切正常后，调压器调至零位，试验设备放电，对绕组正式加压试验，试验电压为发电机额定电压 3 倍。

④ 试验电压按每级 0.5 倍额定电压分阶段升高，每阶段停留 1min，并记录泄漏

电流。

⑤ 注意事项：

a. 严禁在置换氢过程中进行试验。

b. 每相绕组试验完后经充分放电再改动试验接线。

c. 在规定的试验电压下，泄漏电流应符合下列规定：各相泄漏电流的差别不应大于最小值的50%；当最大泄漏电流在20μA以下，各相间差值与出厂试验值比较不应有明显差别；泄漏电流不应随时间延长而增大。

d. 当不符合上述规定任一项时，应找出原因，并将其消除。

e. 泄漏电流随电压不成比例地显著增长时，应及时分析。

4. 定子绕组交流耐压试验

（1）使用仪器：试验变压器，阻值分压器，操作箱，调压器。

（2）接线图：如图5-6所示。

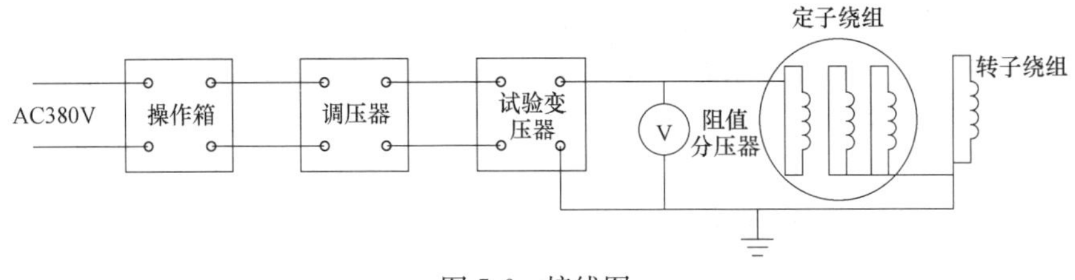

图5-6 接线图

（3）注意事项。

① 试验电压：

$$U_c=(1000+2U_n)\times0.8=41000\times0.8=32800V$$

② 电容电流：

$$I_c=2\pi fCU_c=2\times3.14\times50\times0.238\times10^{-6}\times32800=2.413A$$

③ 保护电压：

$$U_b=1.1U_c=1.1\times32800=30680V$$

④ 被试相容量：

$$P=U_cI_c=32800\times2.413=70.29kVA$$

⑤ 试验电压应按照一定电压分阶段匀速上升，即按照10000V、16000V、25000V、3280V四个阶段升压，每个阶段停留1min，记录电容电流，电容电流不应随试验时间的延长而增大。

⑥ 氢冷电机必须在充氢前或排氢后且含氢量在3%以下时进行试验，严禁在置换氢过程中进行试验。

5. 测量转子绕组的绝缘电阻

（1）试验方法：用兆欧表进行。

（2）试验接线：见图5-7。

（3）使用仪器：2500V兆欧表、干湿温度计。

（4）主要试验条件：发电机转子穿入膛内，与励磁机整流输出连接前，环境温度10～40℃，被试物及仪器周围最低不低于5℃，空气湿度不大于80%。

（5）试验步骤：

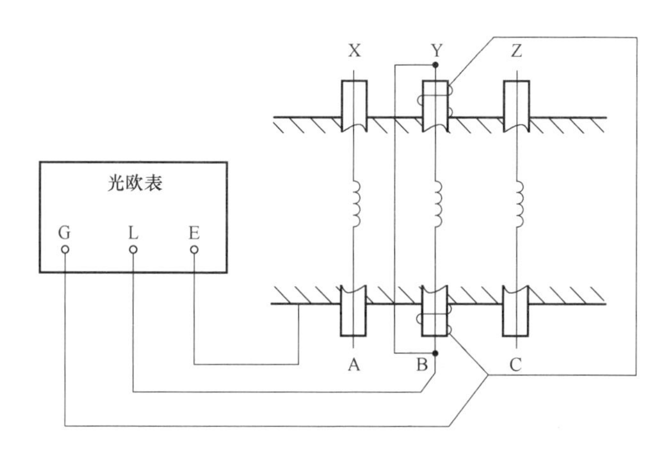

图 5-7　试验接线图

① 按图接线并检查无误后进行测量，记录 15 秒、60 秒的绝缘电阻值。

② 关闭兆欧表，被测绕组回路对地放电。

③ 记录温度和湿度。

④ 试验数据执行《电气装置安装工程电气设备交接试验标准》和产品技术条件的规定。

（6）注意事项：

① 量吸收比时注意时间引起的误差。

② 试验时注意兆欧表的 L 端、E 端和 G 端接线应正确。

6. 测量转子绕组的直流电阻。

7. 测量发电机或励磁机的励磁回路连同所连接设备的绝缘电阻（不包括发电机转子和励磁机电枢）

（1）试验方法：用兆欧表进行。

（2）使用仪器：1000V 兆欧表，干湿温度计。

（3）主要试验条件：励磁回路设备及电缆安装接线完毕，按原理图检查接线完毕，断开与发电机转子和励磁机电枢的连线，环境温度 10～40℃，被试物及仪器周围最低不低于 5℃，空气湿度不大于 80%。

（4）试验步骤：

① 按图接线并检查无误后进行测量，记录 60 秒的绝缘电阻值。

② 关闭兆欧表，被测绕组回路对地放电。

③ 记录温度和湿度。

④ 试验数据执行《电气装置安装工程电气设备交接试验标准》和产品技术条件的规定。

⑤ 注意事项：此试验项目带电范围较大，应有人监护。

8. 发电机或励磁机的励磁回路连同所连接设备的交流耐压试验（不包括发电机转子和励磁机电枢）用 2500V 兆欧表测量绝缘电阻方式代替。

9. 测量发电机绝缘轴承的绝缘电阻

（1）试验方法：使用兆欧表进行。

（2）使用仪器：1000V 兆欧表、干湿温度计。

接线方式：高压端接电动机轴承，接地端接电动机轴承座。

（3）试验条件：

① 发电机安装工作结束，本体接地良好可靠。当有油管路连接时，应在油管安装后。

② 环境温度 10～40℃，被试物及仪器周围最低不低于 5℃，空气湿度不大于 80%，试验现场已清理干净。

10. 埋入式测温计的检查

（1）用 250V 兆欧表测量检温计的绝缘电阻是否良好，用数字万用表测量核对测温计指示值，应无异常。

（2）测量灭磁电阻器、自同步电阻器的直流电阻。

（3）用数字万用表测量电阻值，与铭牌数值比较，其差值不应超过 10%。

第六章　操作安全及工程质量

第一节　操作安全措施

一、防止机械伤人、触电、电气火灾的措施

1. 机械安全的措施

（1）机械有关的安全要点

1）现场使用的机械应尽量选用低耗能、技术含量高、污染小的机械及设备，禁止使用国家明令淘汰的施工机械及设备。

2）定期对机械设备进行维护、保养，防止漏油，如发现漏油应及时清理干净，防止污染土地。在现场维修及维护保养中产生的废油、废棉纱等废弃物由维修人员及时收回，并放入有毒有害物品池内。

3）中小型施工机械的旋转部分和传动部分必须要加防护罩，以避免操作人员和物料碰到后发生危险。

4）安置机械的位置与控制机械的电闸箱之间要保持合理的距离。既要避免人员和金属加工材料或制品碰到电闸，又要保证发生意外时能尽快切断电源。

5）要经常检查机械的安全保险装置，有些机构设有不同功能的安全保险装置，它们各有各的作用，要定时维修保养，避免安全保险装置失灵。

6）施工现场很多机械需要持有效证件操作。要让工人明白操作自己不十分熟悉的机械是危险的。安排专人操作、维修保养指定机械，可以减少机械故障，提高机械使用率。

7）操作者使用完机械设备，离开之前要关停机械，一定还要把电源断开。

8）凡是固定安置的机械旁边，都应安装本机种的安全操作规程。

9）大型起重吊装设备工作受环境因素影响很大，因此，安装选址前一定要充分考虑地面、地下、高空及附近居民等因素。

（2）机械设备使用易存在的安全隐患

1）项目未对进场的机械设备进行验收或未定期进行检测。

2）未对机械设备使用进行专向安全技术交底。

3）租赁使用的机械设备，缺少厂家资质、租赁手续，或安全管理协议。

4）机械设备防护装置不全。

5）任意更换或加长手持电动工具电源线。

6）机械设备电源线未穿管保护。

7）电源线外绝缘层破损，接头包扎不规范。

（3）电气设备及常用机械设备使用易出现的安全隐患

1）电焊机

① 电焊机外壳破损或使用简易电焊机。

② 操作人员无证操作。

③ 使用电焊机时，无焊机专用箱或箱内安保器损坏、失灵。

④ 电焊机保护零线不接或虚线。

⑤ 电焊机一、二次侧接线端子无防护罩。

⑥ 电焊机一、二次侧接线端子板损坏。

⑦ 电焊机二次侧焊把线未使用铜鼻子或在端子上压接不牢。

⑧ 焊把线外绝缘层老化破损或接头过多，未包扎。

⑨ 焊把线双线不到位或借用金属管路等。

⑩焊把线越层使用或泡在水中、压砸现象等。

⑪ 焊接作业时，无看火人或无灭火器材。

⑫ 临边焊割作业或孔洞焊割作业时，无遮挡措施。

⑬ 潮湿场所金属物体内作业未采取有效防护措施或操作人员未穿戴个人防护用品。

⑭ 通风环境较差的场所内作业时未采取有效的通风措施。

⑮ 电焊机所处位置地面有积水或放置在边坡上。

⑯ 焊钳破损。

2）无齿锯

① 转动部分防护罩、锯片防护罩、切割工具不全。

② 控制开关未使用点动开关或损坏后未及时更换。

③ 地面未硬化，未搭设防尘降声罩。

④ 使用无齿锯侧向磨削。

⑤ 不正确使用无齿锯切割材料（如使用无齿锯切割槽板）。

⑥ 未使用三级动力箱，直接从二级箱取电源。

⑦ 操作人员未戴绝缘手套。

⑧ 砂轮机切割前方未设遮板挡护。

3）套丝机

① 未设接油槽。

② 未使用三箱控制箱。

③ 使用220伏电压的套丝机无保护零线。

④ 未切断电源线进行维修。

⑤ 设备控制开关损坏未及时更换。

⑥ 未使用专用箱。

4）台钻

① 传动部分防护装置损坏或松动。

② 未使用三级控制箱。

③ 电机接线端子防护罩损坏。

5）蛙式打夯机

① 未使用三级控制箱或与控制设备距离过大。
② 未使用单向控制开关。
③ 电源开关至电机段的缆线未设扶把穿管敷设固定。
④ 电源线外绝缘层老化破损或接头过多。
⑤ 蛙夯扶把手握部位无绝缘保护。
⑥ 操作人员和传递导线人员未戴绝缘手套和穿绝缘胶鞋。
⑦ 保护零线虚接。
6）水钻
① 未使用三级控制箱或漏电开关未使用防溅型漏电开关，动作电流大于 15mA-0.1s。
② 操作人员未戴绝缘手套和穿绝缘鞋。
③ 在高处打孔时操作人员不系安全带或在使用操作平台打孔时四周无防护。
7）咬口机
① 开机后未进行空载试验。
② 工件长度或宽度超过机具允许范围。
③ 作业中如有异物进入辊轮中，未及时停机处理。
④ 用手送料到末端时，手指未及时离开。
⑤ 设备保护零线虚接。
⑥ 传动部分无防护或外漏。
8）法兰卷圆机
① 开机后，未进行空载实验。
② 加工型钢规格超过机具允许尺寸。
③ 轧制的法兰不能进入第二道型辊时，未使用专用工具送入。
④ 设备保护零线虚线。
⑤ 传动部分无防护。
9）手持电动工具
① 操作人员未戴绝缘手套。
② 使用电动工具未接保护零线。
③ 使用工具操作方法不正确。
④ 私自拆除防护装置。
⑤ 操作时未使用三级控制箱或越级接取电源。
⑥ 手持电动工具无插头，直接将线头插入插孔内。
⑦ 手持电动工具控制开关损坏未及时更换。
⑧ 漏电开关选型定值与手持电动工具不匹配。
⑨ 随意更换或加长手持电动工具电源线。
⑩ 在狭窄场所，如锅炉、金属容器、管道内未使用三类工具。
⑪ 手持电动工具外壳或操手柄有裂缝或破损未及时修复或更换。
⑫ 使用过程中电源线拖地或泡在水中。
⑬ 非专职人员私自拆卸和修理工具。
⑭ 未定期进行绝缘检测。

2. 触电安全措施

（1）防止触电的相关要求

1）严禁非电工拆、装施工用电设施。

2）导线进出开关柜或配电箱的线段应加强绝缘并采取固定措施。

3）用电设备的电源引线长不得大于5m，距离大于5m的应设便携式电源箱或卷线轴，便携式电源箱或卷线轴至固定式开关柜或配电箱之间的引线长度不得大于40m，并应用橡胶软电缆。

4）闸刀型电源开关严禁带负荷拉闸。

5）严禁将电线直接勾挂在闸刀上或直接插入插座内使用。

6）严禁一个开关接两台或两台以上的电动设备。

7）在对地电压低于250V的低压电气网络上带电作业时，被拆除或接入的线路，必须不带任何负荷；相间及相对地应有足够的距离，并应满足工作人员及操作工具不至于同时触及不同相导体的要求；应有可靠的绝缘措施；应设专人监护；必须办理安全施工作业票。

（2）预防触电的相关措施

1）直接触电的防护措施：

① 采用安全电压。安全电压是指为了防止触电事故而由特定电源供电时所采用的电压系列。安全电压值取决于人体允许电流和人体电阻的大小。我国规定的安全电压值包括：36V、24V、12V、6V。在特定的场所（金属容器内、防空洞内、底沟内）工作时，必须使用12V以下的安全电压。

② 绝缘。绝缘是指用绝缘材料把带电体封闭起来，借以隔离带电体后不同电位的导体，使电流能按一定的通路流通。良好的绝缘是保证设备和线路正常运行的必要条件，也是防止人体触及带电体的基本措施。一般电工常用工具绝缘数值应在500V以上，常用的绝缘辅助用具都有：绝缘胶板、绝缘鞋、绝缘靴、绝缘手套，绝缘踏板等。

③ 屏护与间距。所谓屏护，就是采用遮拦、护罩、护盖、箱（匣）等将带电体同外界隔绝开来的技术措施。配电线路和电气设备的带电部分如果不便于包以绝缘或者单靠绝缘不足以保证安全的场合，可采用屏护保护。此外，对于高电压电气设备，无论是否有绝缘，均应采取屏护或其他防止接近的措施。屏护装置既有永久性装置，也有临时性屏护装置；既有固定装置，也有移动屏护装置。

间距是将可能触及的带电体置于可能触及的范围之外。为防止人体及其他物品触及或过分接近带电体，或防止车辆和其他物体碰撞带电体，以及避免发生各种短路、火灾和爆炸事故。在人体与带电体之间、带电体与地面之间、带电体与带电体之间、带电体与其他物体和设施之间，都必须保持一定的间距，这种距离称为电气安全距离，简称间距。10kV电压安全巡视距离为柜前0.7m，220V、380V电气设备以不接触带电部位为准。

④ 采用电器安全用具。电气安全用具是防止触电、坠落、灼伤等工伤事故，保障工作人员的各种电工安全用具。它主要包括绝缘安全用具、电压和电流指示器、登高安全用具（安全带、安全绳、安全帽、保全鞋等）检修工作中的临时接地线、遮拦和标志牌、验电器等。

2）间接触电的防护措施：

① 保护接地。保护接地就是把在正常情况下不带电、在故障情况下可能呈现危险的对地电压的金属部分同大地紧密连接起来，把设备上故障电压限制在安全范围内的安全措施。保护接地常简称为接地。

② 保护接零。保护接零是指将电气设备在正常情况下不带电的金属部分（外壳），用导线与低压电网的零线（中性线）连接起来。

③ 漏电保护器。无论是三相用电设备还是单项用电设备，均应该在电源侧加装漏电保护装置，以避免在接地或接零装置失去作用时起到保护作用。

（3）触电事故的应急处理

1）脱离电源。

当发现有人触电，不要惊慌，首先要尽快切断电源。注意，救护人千万不要用手直接去拉触电的人，防止发生救护人触电事故。

脱离电源的方法应根据现场具体条件，果断采取适当的方法和措施，一般有以下几种方法和措施：

① 如果开关或按钮距离触电地点很近，应迅速拉开开关，切断电源。并应准备充足照明，以便进行抢救。

② 如果开关距离触电地点很远，可用绝缘手钳或用干燥木柄的斧、刀、铁锹等把电线切断。注意，应切断电源侧（即来电侧）的电线，且切断的电线不可触及人体。

③ 当导线搭在触电人身上或压在身下时，可用干燥的木棒、木板、竹竿或其他带有绝缘柄（手握绝缘柄）工具，迅速将电线挑开。注意，千万不能使用任何金属棒或湿的东西去挑电线，以免救护人触电。

④ 如果触电人的衣服是干燥的，而且不是紧缠在身上时，救护人员可站在干燥的木板上，或用干衣服、干围巾等把自己一只手作严格绝缘包裹，然后用这一只手拉触电人的衣服，把他拉离带电体。注意，千万不要用两只手、不要触及触电人的皮肤、不可拉他的脚，且只适应低压触电，绝不能用于高压触电的抢救。

⑤ 如果人在较高处触电，必须采取保护措施防止切断电源后触电人从高处摔下。

2）伤员脱离电源后的处理：

① 触电伤员如神志清醒者，应使其就地躺下，严密监视，暂时不要站立或走动。

② 触电者如神志不清，应就地仰面躺开，确保气道通畅，并用 5 秒的时间间隔呼叫伤员或轻拍其肩部，以判断伤员是否意识丧失。禁止摆动伤员头部呼叫伤员。坚持就地正确抢救，并尽快联系医院进行抢救。

二、高空作业安全措施

1. 高空作业基本规定

（1）作业人员必须熟悉掌握本工种专业技术及规程。

（2）年满 18 岁，经体格检查合格后方可从事高空作业。凡患有高血压、低血压、心脏病、癫痫病、精神病和其他不适于高空作业的人，禁止登高作业。

（3）距地面 2m 以上，工作斜面坡度大于 45°，工作地面没有平稳的立脚地方或有震动的地方，应视为高空作业。

（4）防护用品要穿戴整齐，裤角要扎住，戴好安全帽，不准穿光滑的硬底鞋。要有足够强度的安全带，并应将绳子系牢在坚固的建筑结构件上或金属结构架上，不准系在活动物件上。

（5）登高前，施工负责人应对全体人员进行现场安全教育。

（6）检查所用的登高工具和安全用具（如安全帽、安全带、梯子、跳板、脚手架、防护板、安全网）必须安全可靠，严禁冒险作业。

（7）高空作业区地面要划出禁区，用竹篱笆围起，并挂上“闲人免进”、“禁止通行”等警示牌。

（8）靠近电源（低压）线路作业前，应先联系停电。确认停电后方可进行工作，并应设置绝缘挡壁。作业者最少离开电线（低压）2m以外。禁止在高压线下作业。

（9）高空作业所用的工具、零件、材料等必须装入工具袋。上下时手中不得拿物件；并必须从指定的路线上下，不得在高空投掷材料或工具等物；不得将易滚易滑的工具、材料堆放在脚手架上；不准打闹。工作完毕应及时将工具、零星材料、零部件等一切易坠落物件清理干净，以防落下伤人，起吊大型零件时，应采用可靠的起吊机具。

（10）要处处注意危险标志和危险地方。夜间作业，必须设置足够的照明设施，否则禁止施工。

（11）严禁上下同时垂直作业。若特殊情况必须垂直作业，应经领导批准，并在上下两层间设置专用的防护棚或者其他隔离设施。

（12）严禁坐在高空无遮拦处休息，防止坠落。

（13）卷扬机等各种升降设备严禁上下载人。

（14）在石棉瓦屋面工作时，要用梯子等物垫在瓦上行动，防止踩破石棉瓦坠落。

（15）不论任何情况，不得在墙顶上工作或通行。

（16）脚手架的负荷量每平方米不能超过270公斤，如负荷量必须加大，架子应适当加固。

（17）超过3m长的铺板不能同时站两人工作。

（18）进行高空焊接、氧割作业时，必须事先清除火星飞溅范围内的易燃易爆物。

（19）脚手板斜道板、跳板和交通运输道，应随时清扫。如有泥、水、冰、雪，要采取有效防滑措施，并经安全员检查同意后方可开工。当结冻积雪严重，无法清除时，停止高空作业。

（20）遇六级以上大风时，禁止露天进行高空作业。

（21）使用梯子时，必须先检查梯子是否坚固，是否符合安全要求。立梯坡度60°为宜。梯底宽度不低于50cm，并应有防滑装置。梯顶无搭钩、梯脚不能稳固时，须有人扶梯，人字梯拉绳必须牢固。

2. 高空作业防护措施

（1）高处作业前，作业单位要制定安全措施，措施要完备、可靠并符合现场实际情况。为避免发生高空坠物及高空人员坠落，作业需在地面、天车及网架具备施工条件后方可进行，安装过程中施工人员站立于活动架或门式架上，人员佩戴安全带，安全带系于钢结构横担或门式架安全护栏上。门式架带滑动轮及自锁，保证施工人员安全。

（2）不符合高处作业安全要求的材料、器具、设备、设施不得使用。

（3）高处作业所使用的工具、材料、零件等必须装入工具袋，上下时手中不得持物；

不准投掷工具、材料及其他物品；易滑动、易滚动的工具、材料堆放在脚手架上时，应采取措施，防止坠落。

（4）高处作业与其他作业交叉进行时，必须按指定的路线上下，禁止上下垂直作业，若必须垂直进行作业时，须采取可靠的隔离措施。

（5）高处作业应与地面保持联系，根据现场情况配备必要的联络工具，并指定专人负责联系。

（6）高处作业动火工作必须遵循相关安全管理标准。

（7）因事故或灾害进行特殊高处作业，包括强风、大雪、雾天、夜间、悬空和抢救高处作业，应制定作业方案并经项目负责人审批。

3. 高空作业安全保证措施

（1）预防闲杂人等随便出入和破坏现场脚手架等施工构配件，并安排安全员每天检查两次以上。

（2）配套对讲机，进行地面及高空作业，远程遥控指挥，发现安全隐患或工人违反安全作业规范，即刻通知高空作业工人，直至消除安全隐患。

（3）安全员每天晚上记录次日天气预报，留意气候作业环境，气候不适施工时通知高空作业工人停止施工。下雪天、下雨天、雾天、亦当即停止施工。

（4）在高空作业中，随着工作垂直面越高，自重重力加速度增加，承载力越小，应减轻工作设备装置装载重量，以防发生意外。

（5）于工作垂直投影面设置5m半径范围的警示区，用警示条围出警示区，标上明显的“高空落物”、“闲人勿近”等安全标语。

（6）在爬梯贴上安全警告牌，爬梯外侧标上警示标语。

（7）当高空作业时出现故障，当即通知工人在佩带安全绳的情况下，通知专业技术人员维修，排除隐患后方可上岗。

（8）发现其他班组交叉作业出现安全隐患，当即通知管理人员协商解决，排除隐患。

（9）设定安全奖罚制度，分级处罚，对严重违规多次警告无效者，禁止其进行高空作业。

第二节　工程质量鉴定

一、电气安装工程质量验收

建筑电气工程质量验收，根据现行国家标准《建筑电气工程施工质量验收规范》（GB 50303—2002），主要有以下规定

1. 一般规定

（1）建筑电气工程施工现场的质量管理，除应符合现行国家标准《建筑工程施工质量验收统一标准》（GB 50300—2013）的规定外，尚应符合下列规定：

1）安装电工、焊工、起重吊装工和电气调试人员等，按有关要求持证上岗。

2）安装和调试用各类计量器具，应检定合格，使用时在有效期内。

（2）除设计要求外，承力建筑钢结构构件上，不得采用熔焊连接固定电气线路、设备

和器具的支架、螺栓等部件；且严禁热加工开孔。

（3）额定电压交流 1kV 及以下、直流 1.5kV 及以下的应为低压电器设备、器具和材料；额定电压大于交流 1kV、直流 1.5kV 的应为高压电器设备、器具和材料。

（4）电气设备上计量仪表和与电气保护有关的仪表应检定合格，当投入试运行时，应在有效期内。

（5）建筑电气动力工程的空载试运行和建筑电气照明工程的负荷试运行，应按本规范规定执行；建筑电气动力工程的负荷试运行，依据电气设备及相关建筑设备的种类、特性，编制试运行方案或作业指导书，并应经施工单位审查批准、监理单位确认后执行。

（6）动力和照明工程的漏电保护装置应做模拟动作试验。

（7）接地（PE）或接零（PEN）支线必须单独与接地（PE）或接零（PEN）干线相连接，不得串联连接。

（8）高压的电气设备和布线系统及继电保护系统的交接试验，必须符合现行国家标准《电气装置安装工程电气设备交接试验标准》（GB 50150）的规定。

（9）低压的电气设备和布线系统的交接试验，应符合规范的规定。

（10）送至建筑智能化工程变送器的电量信号精度等级应符合设计要求，状态信号应正确；接收建筑智能化工程的指令应使建筑电气工程的自动开关动作符合指令要求，且手动、自动切换功能正常。

2. 主要设备、材料、成品和半成品进场验收

（1）主要设备、材料、成品和半成品进场检验结论应有记录，确认符合《建筑电气工程施工质量验收规范》（GB 50303）规定，才能在施工中应用。

（2）依法定程序批准进入市场的新电气设备、器具和材料进场验收，除符合规范规定外，尚应提供安装、使用、维修和试验要求等技术文件。

（3）进口电气设备、器具和材料进场验收，除符合《建筑电气工程施工质量验收规范》（GB 50303）规定外，尚应提供商检证明和中文的质量合格证明文件、规格、型号、性能检测报告以及中文的安装、使用、维修和试验要求等技术文件。

（4）变压器、箱式变电所、高压电器及电瓷制品应符合下列规定：

1）查验合格证和随带技术文件，变压器有出厂试验记录；

2）外观检查：有铭牌，附件齐全，绝缘件无缺损、裂纹，充油部分不渗漏，充气高压设备气压指示正常，涂层完整。

（5）高低压成套配电柜、蓄电池柜、不间断电源柜、控制柜（屏、台）及动力、照明配电箱（盘）应符合下列规定：

1）查验合格证和随带技术文件，实行生产许可证和安全认证制度的产品，有许可证编号和安全认证标志。不间断电源柜有出厂试验记录；

2）外观检查：有铭牌，柜内元器件无损坏丢失、接线无脱落脱焊，蓄电池柜内电池壳体无碎裂、漏液，充油、充气设备无泄漏，涂层完整，无明显碰撞凹陷。

（6）柴油发电机组应符合下列规定：

1）依据装箱单，核对主机、附件、专用工具、备品备件和随带技术文件，查验合格证和出厂试运行记录，发电机及其控制柜有出厂试验记录；

2）外观检查：有铭牌，机身无缺件，涂层完整。

（7）电动机、电加热器、电动执行机构和低压开关设备等应符合下列规定：

1）查验合格证和随带技术文件，实行生产许可证和安全认证制度的产品，有许可证编号和安全认证标志；

2）外观检查：有铭牌，附件齐全，电气接线端子完好，设备器件无缺损，涂层完整。

（8）照明灯具及附件应符合下列规定：

1）查验合格证，新型气体放电灯具有随带技术文件；

2）外观检查：灯具涂层完整，无损伤，附件齐全。防爆灯具铭牌上有防爆标志和防爆合格证号，普通灯具有安全认证标志；

3）对成套灯具的绝缘电阻、内部接线等性能进行现场抽样检测。灯具的绝缘电阻值不小于2MΩ，内部接线为铜心绝缘电线，芯线截面积不小于0.5mm^2，橡胶或聚氯乙烯（PVC）绝缘电线的绝缘层厚度不小于0.6mm。对游泳池和类似场所灯具（水下灯及防水灯具）的密闭和绝缘性能有异议时，按批抽样送有资质的试验室检测。

（9）开关、插座、接线盒和风扇及其附件应符合下列规定：

1）有合格证，防爆产品有防爆标志和防爆合格证号，实行安全认证制度的产品有安全认证标志；

2）外观检查：开关、插座的面板及接线盒盒体完整、无碎裂、零件齐全，风扇无损坏，涂层完整，调速器等附件适配；

3）对开关、插座的电气和机械性能进行现场抽样检测。应符合如下规定：不同极性带电部件间的电气间隙和爬电距离不小于3mm；绝缘电阻值不小于5MΩ；用自攻锁紧螺钉或自攻螺钉安装的，螺钉与软塑固定件旋合长度不小于8mm，软塑固定件在经受10次拧紧退出试验后，无松动或掉渣，螺钉及螺纹无损坏现象；金属间相旋合的螺钉螺母，拧紧后完全退出，反复5次仍能正常使用。

4）对开关、插座、接线盒及其面板等塑料绝缘材料阻燃性能有异议时，按批抽样送有资质的试验室检测。

（10）电线、电缆应符合下列规定：

1）按批查验合格证，合格证有生产许可证编号，按《额定电压450/750V及以下聚氯乙烯绝缘电缆》（GB 5023.1～5023.7）标准生产的产品有安全认证标志；

2）外观检查：包装完好，抽检的电线绝缘层完整无损，厚度均匀。电缆无压扁、扭曲，铠装不松卷。耐热、阻燃的电线、电缆外护层有明显标识和制造厂标；

3）按制造标准，现场抽样检测绝缘层厚度和圆形线芯的直径；线芯直径偏差不大于标称直径的1%；常用的BV型绝缘电线的绝缘层厚度不小于表6-1的规定；

BV型绝缘电线的绝缘层厚度 **表6-1**

序号	1	2	3	4	5	6	7	8	9	10	11	12	13	14	15	16	17
电线芯线标称截面积（mm^2）	1.5	2.5	4	5	10	16	25	35	50	70	95	120	150	185	240	300	400
绝缘层厚度规定值（mm）	0.7	0.8	0.8	0.8	1.0	1.0	1.2	1.2	1.4	1.4	1.6	1.6	1.8	2.0	2.2	2.4	2.6

4）对电线、电缆绝缘性能、导电性能和阻燃性能有异议时，按批抽样送有资的试验室检测。

3. 变压器、箱式变电所安装程序

（1）变压器、箱式变电所的基础验收合格，且对埋入基础的电线导管、电缆导管和变压器进、出线预留孔及相关预埋件进行检查，才能安装变压器、箱式变电所。

（2）杆上变压器的支架紧固检查后，才能吊装变压器且就位固定。

（3）变压器及接地装置交接试验合格，才能通电。

4. 成套配电柜、控制柜（屏、台）和动力、照明配电箱（盘）安装程序

（1）埋设的基础型钢和柜、屏、台下的电缆沟等相关建筑物检查合格，才能安装柜、屏、台。

（2）室内外落地动力配电箱的基础验收合格，且对埋入基础的电线导管、电缆导管进行检查合格，才能安装箱体。

（3）墙上明装的动力、照明配电箱（盘）的预埋件（金属埋件、螺栓），在抹灰前预留和预埋；暗装的动力、照明配电箱的预留孔和动力、照明配线的线盒及电线导管等，经检查确认到位，才能安装配电箱（盘）。

（4）接地（PE）或接零（PEN）连接完成后，核对柜、屏、台、箱、盘内的元件规格、型号，且交接试验合格，才能投入试运行。

5. 低压电动机、电加热器安装程序

低压电动机、电加热器及电动执行机构应与机械设备完成连接，绝缘电阻测试合格，经手动操作符合工艺要求，才能接线。

6. 柴油发电机组安装程序

（1）基础验收合格，才能安装机组。

（2）脚螺栓固定的机组经初平、螺栓孔灌浆、精平、紧固地脚螺栓、二次灌浆等机械安装程序；安放式的机组将底部垫平、垫实。

（3）油、气、水冷、风冷、烟气排放等系统和隔振防噪声设施安装完成；按设计要求配置的消防器材齐全到位；发电机静态试验、随机配电盘控制柜接线检查合格，才能空载试运行。

（4）电机空载试运行和试验调整合格，才能负荷试运行。

（5）在规定时间内，连续无故障负荷试运行合格，才能投入备用状态。

7. 不间断电源按产品技术要求试验调整

应检查确认，才能接至馈电网路。

8. 电缆桥架安装和桥架内电缆敷设程序

（1）测量定位，安装桥架的支架，经检查确认，才能安装桥架。

（2）桥架安装检查合格，才能敷设电缆。

（3）电缆敷设前绝缘测试合格，才能敷设。

（4）电缆电气交接试验合格，且对接线去向、相位和防火隔堵措施等检查确认，才能通电。

9. 电缆在沟内、竖井内支架上敷设程序

（1）电缆沟、电缆竖井内的施工临时设施、模板及建筑废料等清除，测量定位后，才能安装支架。

（2）电缆沟、电缆竖井内支架安装及电缆导管敷设结束，接地（PE）或接零（PEN）

连接完成，经检查确认，才能敷设电缆。

（3）电缆敷设前绝缘测试合格，才能敷设。

（4）电缆交接试验合格，且对接线去向、相位和防火隔堵措施等检查确认，才能通电。

10. 电线导管、电缆导管和线槽敷设程序

（1）除埋入混凝土中的非镀锌钢导管外壁不做防腐处理外，其他场所的非镀锌钢导管内外壁均做防腐处理，经检查确认，才能配管。

（2）室外直埋导管的路径、沟槽深度、宽度及垫层处理经检查确认合格，才能埋设导管。

（3）现浇混凝土板内配管在底层钢筋绑扎完成，上层钢筋未绑扎前敷设，且检查确认合格，才能绑扎上层钢筋和浇捣混凝土。

（4）现浇混凝土墙体内的钢筋网片绑扎完成，门、窗等位置已放线，经检查确认合格，才能在墙体内配管。

（5）被隐蔽的接线盒和导管在隐蔽前检查合格，才能隐蔽。

（6）在梁、板、柱等部位明配管的导管套管、埋件、支架等检查合格，才能配管。

（7）吊顶上的灯位及电气器具位置先放样，且与土建及各专业施工单位商定，才能在吊顶内配管。

（8）顶棚和墙面的喷浆、油漆或壁纸等基本完成，才能敷设线槽、槽板。

11. 照明灯具安装程序

（1）安装灯具的预埋螺栓、吊杆和吊顶上嵌入式灯具安装专用骨架等完成，按设计要求做承载试验合格，才能安装灯具。

（2）影响灯具安装的模板、脚手架拆除；顶棚和墙面喷浆、油漆或壁纸等及地面清理工作基本完成后，才能安装灯具。

（3）导线绝缘测试合格，才能灯具接线。

（4）高空安装的灯具，地面通断电试验合格，才能安装。

12. 等电位联结程序

（1）总等电位联结：对可作导电接地体的金属管道入户处和供总等电位联结的接地干线的位置检查确认合格，才能安装焊接总等电位联结端子板，按设计要求做总等电位联结。

（2）辅助等电位联结：对供辅助等电位联结的接地母线位置检查确认合格，才能安装焊接辅助等电位联结端子板，按设计要求做辅助等电位联结。

（3）对特殊要求的建筑金属屏蔽网箱，网箱施工完成，经检查确认合格，才能与接地线连接。

二、电气设备试运行及故障排除

设备检查：

设备试运行前应对设备、线路进行逐项检查，尽量避免设备运行中出现故障，主要包括以下检查内容。

（1）配电柜检查

配电柜的检查内容见表 6-2。

配电柜试运行前检查内容 **表 6-2**

序号	检查内容
1	配电箱柜试运行前，检查配电箱柜内有无杂物，安装是否符合质量评定标准，相色、铭牌号是否齐全
2	箱柜门及框架和内部的接地或接零检查
3	装有电器的可开启门、门和框架的接地端子应用裸编织铜线连接，且有接地标识
4	箱柜内保护导体应有裸露的连接外部保护导体的端子
5	照明箱内分别设置零线(N)和保护地线(PE)汇流排，零线和保护地线经汇流排配出
6	明敷接地干线沿长度方向每段 15～100mm 分别涂以黄色和绿色相间的条纹
7	测试接地装置的接地电阻值必须符合设计要求
8	柜内检查：依据施工设计图纸及变更文件，核对柜内的元件规格、型号、安装位置应正确；柜内两侧的端子排不能缺少；各导线的截面应符合图纸的规定；逐线检查柜内各设备间的连线及由柜内设备引至端子排的连线
9	柜间联络电缆检查：柜与柜之间的联络电缆须逐一校对；在回路查线的同时应检查导线、电缆、继电器、开关、按钮、接线端子的标记是否与图纸相符
10	操作装置检查：主要检查接线是否正确，操作是否灵活，辅助触点动作是否准确
11	电流回路和电压回路的检查：电流互感器接线正确，极性正确，二次侧不准开路，准确度符合要求

(2) 配电线路及其他设备检查

配路及其他设备检查的检查内容见表 6-3。

配电柜试运行前检查内容 **表 6-3**

序号	检查内容
1	电线绝缘电阻测试前电线的连接完成，照明箱、灯具、开关、插座的绝缘电阻测试在就位前或接线前完成，电气器具及线路绝缘电阻测试合格
2	接地或接零的检查： 逐一复查各接地处选点是否正确，接触是否牢固可靠，正确无误地连接到接地网上；设备可接近裸露导体接地或接零连接完成；接地点应与接地网连接，不可将设备的机身或电机外壳代地使用； 设备接地点应接触良好，牢固可靠且标识明显。要接在专为接地而设的螺钉上，不可用管卡子等附属物为接地点；接地线路走向合理，不要置于易碰伤和砸断之处；禁止用一根导线做各处的串联接地；不允许将一部分电气设备金属外壳采用保护接地，而将另一部分电气设备金属外壳采用保护接零
3	照明系统通电，灯具回路控制应与照明配电箱及回路的标识一致；开关与灯具控制顺序相对应；风扇的转向及调速开关应正常
4	恢复所有被临时拆开的线头和连接点，检查所有端子有无松动现象
5	电动机在空载运行前应手动盘车，检查转动是否灵活，有无异常声响。 对不可逆动装置的电动机应事先检查其转动方向。 测定电机定子线圈、转子线圈及励磁回路的绝缘、轴承座及台板的接触面清洁干燥，用 500V 兆欧表测量，绝缘电阻值不小于 0.5MΩ。 100kW 以上的电动机，应测量各相直流电阻值，相互差不应大于最小值的 2%；无中性点引出的电动机，测量线间直流电阻值，相互差不应大于最小值的 1%
6	检查所有熔断器是否导通良好
7	检查所有电气设备和线路的绝缘情况
8	检查备用电源、备用设备，应使其处于良好的状态
9	送电试运行前，应先制定操作程序；送电时，调试负责人应在场

(3) 低压电气设备试运行故障排除

低压电气设备的运行试验要求见表 6-4。

常见低压电气设备试运行试验内容及故障排除表要求　　表 6-4

序号	运行试验项目	试验内容	试验标准及易出现故障事项
1	成套配电（控制）、箱、柜	运行电压、电流，各种仪表指示	检测仪表的指示，并做好记录，对照电气设备的铭牌标示值有否超标，以判定试运行是否正常
		漏电开关漏电时间、漏电电流测试	根据漏电等级检查漏电时间、漏电电流满足要求
2	电动机的空载试运行	检查转向和机械转动	无异常情况。电动机旋转方向符合要求
		空载电流	电动机宜在空载状态下第一次启动，空载运行时间宜 2h，并记录空载电流
		机身和轴承的温升	检查电动机各部温度，不应超过产品技术条件的规定。滑动轴承温度不应超过 80℃，滚动轴承温度不应超过 95℃
		声响和气味	声音应均匀，无异声。 无异味，不应有焦糊味或较强绝缘漆气味
		可启动次数及间隔时间	应符合产品技术条件的要求；无要求时，连续启动两次的时间间隔不应小于 5min，再次启动应在电机冷却至常温情况下进行
		有关数据的记录	应记录电流、电压、温度、运行时间等有关数据，符合建筑设备或工艺装置的空载状态运行要求
3	主回路导体连接质量的检验	大容量（630A 及以上）导线或母线连接处的温度抽测	在设计计算负荷运行情况下，应做温度抽测记录，温升值稳定且不大于设计值（可使用红外线遥测温度仪进行测量）
4	电动机机构的检查	动作方向和指示	在手动或点动时确认与工艺装置要求一致，但在联动试运行时，仍需仔细检查

三、分项质量验收技术资料

1. 分项工程质量验收记录填写要求

（1）除填写表格中基本参数外，首先应填写各检验批的名称、部位、区段等，注意要填写齐全。

（2）表中部“施工单位检查评定结果”栏，由施工单位质量检查员填写，可以打“√”或填写“符合要求，验收合格”。

（3）表中部右边“监理单位验收结论”栏，由专业工程监理工程师逐项审查，同意项填写“合格”或“符合要求”，如有不同意项应做标记但暂不填写，待处理后再验收；对不同意项，监理工程师应指出问题，明确处理意见和完成时间。

（4）表下部“检查结论”栏，由施工单位项目技术负责人填写，可填“合格”，然后交监理单位验收。

（5）表下部“验收结论”栏，由监理工程师填写，在确认各项验收合格后，填入“验收合格”。

2. 分项工程质量验收记录表格

分项工程质量验收记录表见表 6-5，该表为分项工程质量验收记录技术资料，由各单位签字存档。

分项工程质量验收记录表格 **表 6-5**

________________分项工程质量验收记录表

单位(子单位)工程名称		结构类型	
分部(子分部)工程名称		检验批数	
施工单位		项目经理	
分包单位		分包项目经理	
序　　号	检验批名称及部位、区段	施工单位检查评定结果	监理(建设)单位验收结论
1			
2			
3			
4			
5			
6			
7			
8			
9			
10			
说明：			
检查结论	项目专业技术负责人： 年　月　日	验收结论	监理工程师： (建设单位项目专业技术负责人) 年　月　日

注：1. 地基基础、主体结构工程的分项工程质量验收不填写“分包单位”和“分包项目经理”。

2. 当同一分项工程存在多项检验批时，应填写检验批名称。

参 考 文 献

1. 孟文璐. 建筑电工. 北京：中国铁道出版社，2012.
2. 王琳. 建筑电工实用技术自学通（第2版）. 北京：中国电力出版社，2012.
3. 北京土木建筑学会. 建筑电气工程施工操作手册. 北京：经济科学出版社，2005.
4. 《图解建筑工程现场管理系列丛书》编委会. 现场电工全能图解. 天津：天津大学出版社，2009.
5. 建设部人事教育司. 土木建筑职业技能岗位培训教材：建筑电工. 北京：中国建筑工业出版社，2002.
6. 建设干部学院. 建筑业农民工职业技能培训教材：工程电气设备安装调试工. 武汉：华中科技大学出版社，2009.
7. 人力资源和社会保障部教材办公室. 职业技能培训鉴定教材：电工（中级）. 北京：中国劳动社会保障出版社，2009.
8. 住房和城乡建设部工程质量安全监管司. 建筑施工特种作业人员安全技术考核培训教材：建筑电工. 北京：中国建筑工业出版社，2009.
9. 国家标准. 建筑电气工程施工质量验收规范（2012版）GB 50303—2002. 北京：中国计划出版社. 2012.